日本当代商业空间设计作品选

日本当代商业空间设计作品选

[日] 山内陆平＋京都工艺纤维大学设计研究会 主编

中国建筑工业出版社

主编	山内陆平＋京都工艺纤维大学设计研究会
编辑委员会	山内陆平　路海军　韩一兵　田中俊祐　吴　毅　间渕一博　王明贤　徐　纺
责任编辑	王明贤　徐　纺
特约编辑	路海军　刘胜阳　吴　毅
翻译	吴　毅　路海军
编辑助理	川上比奈子　影林督谕　黄轶伟　西泽明洋
协力	**社团法人　日本商业环境设计家协会**（JCD）

山内陆平　(Rikuhei Yamauchi)

简历：

1961年　毕业于京都工艺纤维大学意匠工艺学科。其后，就学于美国伊利诺伊工科大学（Illinois Institute of Technology）研究生院。并先后就职于乔治·尼尔森（George Nelson）事务所、日本万国博览会协会、株式会社高岛屋设计部

1976年　京都工艺纤维大学工艺学部住环境学科　副教授

1983年　京都工艺纤维大学工艺学部造型工学科　教授

现在　京都工艺纤维大学纤维学部设计经营工学科　教授

京都工艺纤维大学美术工艺资料馆　馆长

获奖简历：

曾在意大利、瑞士等国举办的国际设计竞赛中获奖。日本国内曾荣获日本商业空间设计奖、日本室内设计家协会奖、日本设计学会作品奖，以及Brunel鼓励奖（国际性铁道设计奖）等多个奖项。

目　录

酒吧

购物／服饰

购物／其他

序

山内陆平

当今的日本商业空间，从一般的街区小商店到大型综合商业设施，横跨多个领域。可谓多种多样，五彩缤纷。

综合商业设施更趋向于多样化发展，例如将购物和娱乐相结合的大型设施，以及包括游乐主题公园（THEME PARK）在内的综合性设施等等。

另外，宾馆、车站、地下街（特别是大阪的大规模地下商业街）等设施还存在许多独立经营的小型店铺，且这些店铺兼具其他的功能，从广义上说也可视其为商业设施的一种。

由于身处如此之境况，在编辑《日本当代商业空间设计作品选》时遇到了相当大的困难。另外，受许多条件的限制，在此基础上要总结出一个完整的结论，可能性是微乎其微。因此，本书无法就日本商业空间设计加以完整的叙述。综合上述情况，在编辑本书时遵循了以下几条方针：

- 以设计者个人的作品为中心。因此，作品以小型店铺为主。
- 1945年以后的日本商业环境设计代表作品为数不少，本书主要收录了1995年后建成的作品。
- 另外，本书所登载的作品，尽可能地选择了最新的作品，但不一定是设计者的代表作。
- 关于复合商业设施，有很多部分值得介绍。但这些设施多为大型企业或是设计事务所所设计。所以，在编辑时不得不忍痛割爱，仅挑选了二三个作品收录于本书。
- 尽可能从多种营业形态的商业空间进行作品挑选，但从设计水准判断的角度出发，在选择上又不得不偏重于一些较容易评价的作品，例如饮食店铺等等。

在本书的编写过程中，得到了日本商业环境设计师协会的大力支持。本书也登载了许多该协会会员的作品，以及该协会每年颁发的商业空间设计奖获奖作品。在此，谨致以诚挚的谢意。

日本商业环境设计的变迁

山内陆平

从设计的观点来分析日本商业环境时，可以1945年为界，将其分为前后两部分。

1945年以前的商业环境（确切地说应为商店），主要是在明治以后的日本住居上加以改造。东京、大阪等大都市的许多店铺也都是为了生计而存在，仅在住居面向街道的部分陈列一些商品，且只有少数几家名店设置了大型橱窗。如果用现在的设计定义来评价当时的设计情况，用“极其有限”来描述应该不算夸张。

当时的状况尽管如此，但为数不多的设计师却运用了规划的手法和当时崭新的方法来尝试进行商业空间设计。比如说，主张使用规划手法的川喜炼七郎和大阪的松田逸郎等等。另一方面，把建筑家设计的建筑物（包括内部空间）作为商业设施来使用，且有必要以现今的规划性设计视点进行观察分析的事例也不少。在日本近、现代建筑中留下了很大足迹的建筑家村野藤吾就是典型的一例。1938年他所设计的舞厅酒吧AKADAMA的草图、设计图纸等，作为当时的珍贵资料现被收藏于京都工艺纤维大学美术工艺资料馆（图1、2）。可是，关于1945年以前商业空间设计的资料，现存极少的状况仍然没有改变。

以下，大致以十年为一阶段对日本商业环境设计进行分析观察。分析中可能会存在不少问题，我将尽量从设计方面概略地加以叙述。

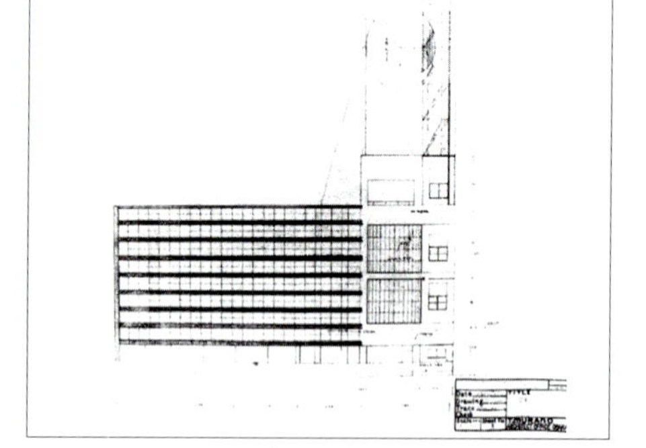

图1　AKADAMA设计图（村野藤吾）

复兴的时代（1945～1960年）

1945年，随着第二次世界大战的结束，东京、大阪等大都市到处是残瓦废墟，普通市民连自己的温饱问题都无法解决，商品交易也只是在废墟里的黑市中进行。随后，受朝鲜战争的影响，日本国内市场呈现出特需景气、经济复苏的征兆。到1952年，大部分店铺的设计已主要依赖于设计师。随着经济的复苏，新店开张、店铺改造的增多，促进了营业收入的上涨。所以，业主们在进行店铺设计时逐渐倾向于依赖设计师。可是，这一倾向却造成了世间认为店铺设计非常容易的错觉。在此情况下，从战前就活跃于设计舞台的川喜田炼七郎提倡“店铺设计师必须准备充足的资料，熟知商品知识”、“店铺设计必须引进规划的手法”。另外，大阪的大阪府立产业能率研究所还对商店街进行了诊断和改善劝告，并给予个别商店细致指导。这一向近代化过渡的基础研究也不容忽视。

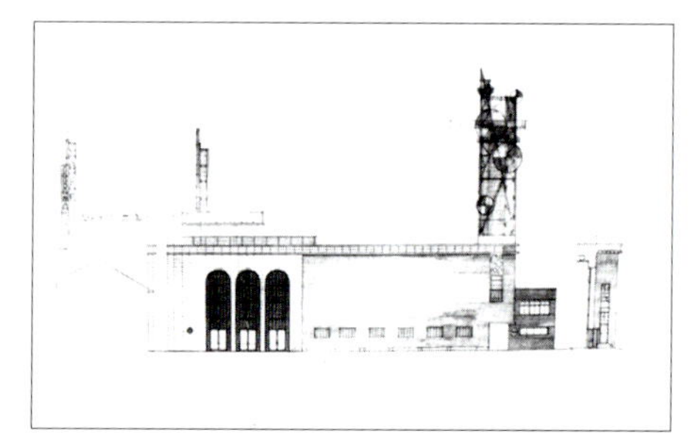

图2　AKADAMA设计图（村野藤吾）

1955年是日本经济高度成长的起点。此时的商业环境设计与经济状况可谓表里如一。商品作为经济复苏的具体表现，开始在市场上流通，百货店以大都市为中心，呈快速递增之势。当时的百货店空间设计也被称作店内装饰，由木材和壁纸组成了商品的临时背景，整个设计近似展览厅的布置，与现在的店铺设计大相径庭。只要商品齐全，买卖就可成立。另一方面，在市区的繁华街区，日本特有的咖啡屋及酒吧、舞厅剧增，其中的一部分店铺，设计师参与了设计，并成为他们合适的设计对象，因为这些店铺在内装上更要求能反映出当时的时代节奏。

与此同时，作为以后日本商业环境特征之一的地下商店街问世了。伴随经济的复苏，都市规划的发展，大都市中心地区作为城市交通的枢纽，被治理整顿。针对不断增加的车辆与人之间的安全性，通过不断摸索和研究，发现解决问题的最好办法是加强地下街建设。1957年，日本最初的具有相当规模的地下街——名古屋地下街于名古屋车站前诞生了。本来都市中心部是交通的连接点，人的流动性差，车流量多。名古屋地下街作为名古屋站的一部分，以缓和交通为前提，保护步行者安全为目的，与地铁建设一起被列入了设计建造规划之中。由于地下街的建设和维持管理，若单靠地下人行道在经营上是无法成立的。所以，在地下人行道两侧设置店铺，构成地下商店街，并由各个商店来承担建设和维持管理费用。其后，出于同样的目的，东京、大阪等大城市以车站大厦为中心，对地下街（地下商店街）进行了加速建设，尤其显著的是大阪地下商店街。1998年，大阪站周边建成了新一代地下商店街，其规模之大在世界范围内绝无雷同（图3）。地铁的中央大厅、大厦的地下部分、道路下部的地下街，相互贯穿、相互联系，构成了一个整体。

地下商店街是日本都市环境中为数不多的步行者的自由空间。那儿充斥着商品，流动着热闹嘈杂的空气，是都市生活者的有效生活领域。虽这么说，但近年来随着对灾害时的安全性逐渐强调重视，且地下空间又受到限制，所以在设计上都雷同划一，尽管使用人工照明和喷水对地下商店街加以装饰，仍不能达到地上都市多姿多彩的效果，自由自在的移动更受到限制，与理想的人类生活都市空间，存在相当大的距离。这也是留给今后的一个课题。

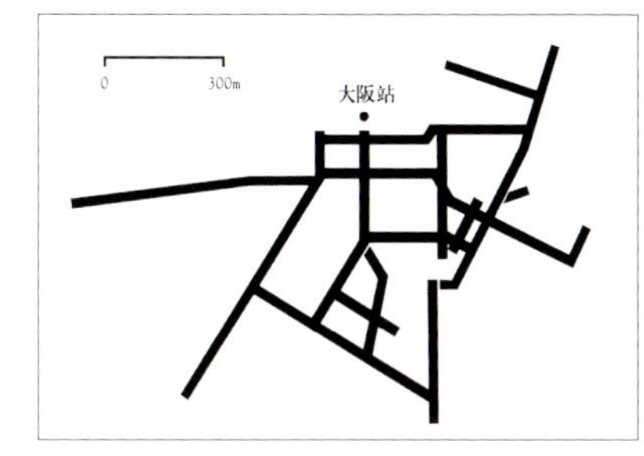

图3　大阪站周边地下街模式图

设计基础确立的时代（1960～1970年）

1960～1970年，日本经济摆脱了战争的影响，实现了空前的高度增长。1955年作为经济发展的起点，从池田内阁的收入倍增计划开始，日本政府以此为范例，促使日本经济走向高速发展。1960~1970年，日本经济的实质增长率为11%，这一惊人的数字与同时期欧美各国的经济增长率相比，有数倍之多。1960年日本的GDP排名世界第六，到1968年一举超越德国，仅次于美国，排名世界第二，开始踏上了向现在的经济大国前进的征途。有这样的经济发展作后盾，设计界特别是商业空间设计终于确立了其坚实的基础。

1960年5月，在东京召开的世界设计大会（WeDeCo），不仅吸引了海外著名的建筑家和设计师，也给日本的设计界带来了很大的转机。其意义在于，通过战后15年的发展，"设计"这一固有名词不仅在服装设计领域，而且在都市·建筑、工业制品·印刷物等传媒手段的其他领域都获得了市民的认可。

在商业空间设计领域，从战前到战后从事商业空间设计的先驱者53人成立了日本店铺设计家协会（现为社团法人，日本商环境设计家协会——JCD）。协会的成立，使店铺设计领域在社会上得到确认，更给今后的发展带来了巨大的贡献。

对于当时的商业环境来说，1964年的东京奥林匹克运动会成了最大的契机。随着奥林匹克的召开，以东京为中心，加强了都市功能的整理整顿，特别是以地下街建设为主的车站大厦开发在各地盛行，商业空间设计的需要呈直线上升。另外，以欧美为中心的各国设计信息不断传入，影响到多个方面。随着外国设计师的不断来访，日本设计师参加各种国际设计会议与研修旅行的机会不断增多，获得海外设计信息已不再是困难之举。并且，海外的建筑家、设计师在东京设计、建造的作品也开始逐渐增多。比如Charlotte Perriand设计的法国航空问讯处，作为当时的崭新设计引起了社会的强烈反响。其他的航空公司，如澳大利亚Qantas航空、德国航空在东京中心地区设立的问讯处，外国设计师都以不同的形式参与了设计策划，给日本商业环境设计带来了国际化的气息。

更有必要值得一提的是，在此10年间，作为上述之经济发展的背景——贸易自由化的扩大，百货公司筹划了许多以海外家具为主题的设计作品展，外国的家具制造商正式地进入了日本市场。1960年的Herman Miller展（伊势丹）、挪威家具展（白木屋）、意大利商品展销会（高岛屋），以及Hans Wegner展（伊势丹）、丹麦室内装饰展（松屋）、德国设计展（松屋）等等。百货公司筹划这样的展览不同于美术馆和特殊的展览厅，能与大众相接触之特点意味深长。此时的百货公司在作为提供商品的商业设施的同时，也是文化的表现舞台。

正式进入日本市场的外国家具制造商有1964年的Herman Miller公司（美国）、ASCO公司（芬兰)、1965年的KNOLL公司（美国）。紧随其后，大阪万国博览会的即将召开，使意大利家具的市场介入开始受人瞩目，引起日本家具市场及设计界的许多反响。至60年代中期的10年间可称为“资料的时代”。以摩登设计为主的外国家具，其造型、材质、制法等作为参考资料被专家们所利用。这些进口家具除了一部分为高档品外，大部分都比日本国内产品价格低廉，从而促使日本开始走向“使用的时代”。

进入70年代此状况越发加速。在日本的室内装潢和家具水准提高的同时，以公共设施和商业设施为中心的空间设计取得了质量的提高和国际化的发展，使许多外国家具与日本的社会环境得到同化。到了80年代，整个社会进入了无意识时代。

另外，在当时的商业设施中特别值得一提的是大型商场的诞生和旅馆、酒店建设的增多。随着经济的发展，“商品”在质与量两方面逐渐趋向丰富，促使店铺走向两极分化。一种是提供廉价商品，另一种则注重商品的形象。因此店铺的设计也必须吻合其不同的性质。比如大量商品按用途陈列的超市，这一美国型店铺的出现与发展，现已成长为消费者不可缺少的商业设施。

另一方面，以奥林匹克运动会的召开为契机，国内外的商业顾客增多，大都市的中心部城市酒店、宾馆的建设陆续不断。由于酒店、宾馆自身就是一个巨大的商业设施，设计多依靠建筑家，内部空间及店铺则给店铺设计师带来了更多参与和策划的机会。从国际性的观点出发，酒店、宾馆都采用了当时最尖端的设计手法。在当时一般商业设施的设计水准还不高的情况下，先进的酒店、宾馆设计使顾客和许多设计师受到了强烈的刺激。

与此同时，创立了5年的JCD，举办了一系列的活动。值得一提的是1966年创刊了《商业建筑资料集成》。此刊的发行，使有关商业设施的资料几乎没有的状况得到改善，当然对以后的商业设施设计也给予了很大的帮助。

两极分化的时代（1970～1980年）

1970年3月15日，在大阪千里丘陵，以“人类的进步与协调”为主题的万国博览会开幕了。自19世纪，万国博览会一直就是技术文明的实验与发表的舞台，设计也作为反映时代的镜子逐渐得到发展。1970年的大阪万国博览会是日本第一次举办国家级大型博览会，其商业环境的规模甚至超越了现今的主题公园。6个月的会期吸引了来自全国各地6400万的参观者，且博览会本身给日本以后的设计发展带来了巨大的影响，并引导日本的设计界正式踏上国际化的轨道。

1945～1970年，在日本很少有机会能接触到海外的文化，特别是关于设计方面的信息只有少数的专家才能获得。而大阪万国博览会的召开意味着日本的一般大众也开始能亲身感受和领略到世界各国的文化（设计），各国展馆的内部空间及餐厅都采用了考究且具有世界水准的设计，所以在大众对商业空间设计的认识意识方面，直到现在也没有能超越大阪万国博览会的绝好契机。

图4 Men's Shop "MARKET ONE"（仓俣史朗）

在职业分工方面，至1970年以商业空间设计为职业的设计师已存在不多，一般情况下商业空间设计主要依赖于室内装潢设计师。他们把住宅、办公楼等内部空间的设计都纳入自己的业务范围，偶尔也受理商业空间的设计。1970年以后以商业空间设计为主的名设计师终于问世了。

这一时期被称为"两极分化的时代"可以从以下两个侧面来分析。60年代后期伴随经济的增长，商业空间设计的成熟化开始急速上升。商品零售店的营业种类发生了变化，诞生了被称为"BOUTIQUE"的服装专卖店。店铺空间不再是将商品作单一的陈列，销售空间所特有的形象成了一个重要的因素。当然，饮食店也同样如此。这些变化促使商业空间设计和设计师在"质"上有了根本性的改变，特别是具有丰富的感性和独创性的年轻设计师开始受世人瞩目。仓俣史朗作为年轻一代的代表，其作品Men's Shop "MARKET ONE"（1970年）和Club "JODO"（1969年）（图4、5）给当时的商业空间设计投下了绚丽的光彩。继仓俣氏之后，还有内田繁、杉本贵志等人，他们的作品也被收录于本书。这些年轻设计师只要稍作设计即能迎合业主及消费者的心理，通过强烈的自我意识和表现手法给以后的商业空间设计提示了一个新的方向。设计师的时代真正地到来了。与此呈对称的另一个发展方向也不容忽视。再就是高度经济发展所带来的流通革命，引发了店铺扩展的系统化。以60年代诞生的超市为代表的量售店，开始受到近代商品流通结构的浸透，店铺空间系统化成了必经之道。换言之，为了实现低成本，商品在生产、流通、销售扩大等方面都必须通过机械化管理，最终结合成一个系统整体。因此，为了提高店铺空间的生产性，商品包装、搬运工具、陈列器具的规格化、系列化就越来越重要，商品的订购、入库、保管等方面也不得不引进科学的管理方法。因此，这一类型的店铺设计不单是造型，还必须具备市场交易等各方面的知识。而陈列用具制造商们也争先恐后地开发了许多系列型陈列用具和店铺用装配部件。

图5 Club "JODO"（仓俣史朗）

由此类专门店形成的形象空间化和以零售店为中心的系统化之发展趋势中，建筑家竹山实设计的东京·涉谷"SHU-PUB"（1975年）（图6）作为特殊事例倍受瞩目。鞋类专卖店的"SHU-PUB"

将鞋子的包装规格化，采用多种搭配构成了独特的店铺空间。

60年代末，设施形态（商业形态）有了显著的变化。除了上述的专卖店外，被称为购物中心(Shopping center)的大型综合商业设施开始抬头。从1969年玉川高岛屋开始，东京周边及大阪的千里地区大型商业设施纷纷开张了。当时日本的购物中心与诞生于美国的SC在规模和开发手法上虽无法比较，饮食店、杂货、服饰等专卖店与商品陈列室的复合却达到了极具效果的目的。1973年的石油危机使SC的发展速度一时缓慢下来，到了70年代末80年代初SC开始走向“街区建设型”的新方向。

成熟的时代（1980～1990年）

80年代的商业环境，在造型方面追求了由超现实主义产生的表面装饰主义，而经济方面则迎来了与以后被称作泡沫经济的狂乱状况相吻合的成熟期。

70年代末期一时风靡世界的超现实主义之潮也波及到了日本的设计领域，致使日本的设计从20世纪初诞生的受近代主义影响的重视功能设计（摩登设计）的枷锁中得到解放。当然，追求更富有人情味的丰裕性、乐趣性的设计方向也影响到商业环境设计。如果用一句话来总括此造型方面的发展趋势，那就是以回归人间为价值观的时代终于到来了。特别是80年代后期的商业环境设计受商业形态多样化及材料、施工方法高度发展的影响，有了多姿多彩的造型变化，并切实地向着成熟化方向稳步前进。70年代诞生的第二代年轻设计师所拥有的感性认识促使此时的日本商业空间设计达到了向世界范围发送信息的水准。

以上述的商业形态复合化为主的当时的商业典型，包括了“街区建设型”的购物中心和被称为“主题公园”的大型娱乐设施。

随着都市人口的过密，60年代开始了住宅小区的建设。进入80年代，住宅小区的规划中心则是通过商业设施来进行街区建设。特别是郊外型街区建设构想促使巨大购物中心的诞生变成现实。这一时期，日本经济的富裕使人们的消费观念发生了变化，促进了街区建设的发展。对生活在住宅小区的居民来说具备充足的居住功能是不言而喻的，此外购物的场所、休憩娱乐的场所、综合性生活方式得以展开的场所，也是居民们的追求所在。建设于东京湾的港湾都市中心“LALAPORT”（1981～1988

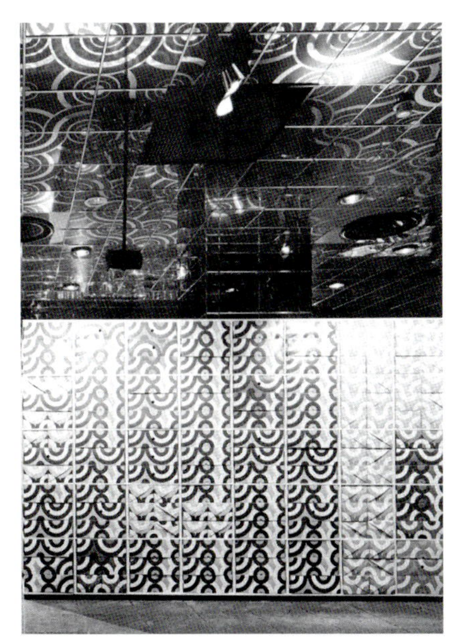

图6 SHU-PUB（竹山实）

年）（图7）就是典型的一例。整个中心从同时可容纳5000辆机动车的停车场开始，根据居民生活文化的各个侧面，进行了具体、全面的规划。如此大型的商业设施的规划设计，以都市规划、建筑企画为基础，包括了室内装潢，商标、街景设计，以及其他公共场所的设计，文娱活动的装饰企画等多个方面，而与此相关的企画者和设计师就必须具备对时代进行分析观察的锐利的先见性和高度的专业能力。

与此同时，规模较小的商业设施也开始重视与都市的关系，也就是说与都市功能的复合化、关系性，针对环境的综合性设计已成为必要，从商业空间，更确切地说要从商业环境来进行具体设计。恰好此时，JCD于1985年将旧称“日本商业空间设计家协会”更名为“日本商业环境设计家协会”。

关于主题公园，1983年开业的东京迪斯尼乐园以综合多种功能的娱乐设施，给商业设施复合化开创了一个新的领域。此后直至90年代中期，主题公园以各种各样的运营方式在日本全国各地得到扩展。

图7 LALAPORT船桥

1990年以后

1990年初，狂乱的泡沫经济崩溃了。尽管如此，至90年代中期，仍有多个经济高度增长期所规划的大型商业设施及主题公园（图8、9、10）建成完工并开张。但是，消费者对未来生活的不安所造成的消费低迷和金融不安等社会问题，导致商业设施经营者的投资欲望大幅减退，新的商业设施的建设急剧减速。现在的社会、经济状况如果用具体事例来分析的话将举不胜举，但变革的必要性却逐渐逼近自1945年来一直处于高度增长的日本经济和社会系统。同样商业环境也面临着这样的问题，开创新的消费行为和商业形态，再加上地球环境问题的深刻化，被迫走变革的道路则是当今的现实状况所在。

图8 Nagasaki Holland Village Huis Ten Bosch

服装设计方面，由80年代盛行的“感性消费”向“品质消费”转变的消费行为则非常显著。除了一些高级名牌服装店，实质上清新秀丽的设计已成为主流。饮食方面，能与家人、友人一起渡过快适时光的饮食行为开始出现，促进了饮食文化越发多样化。1990年以后的饮食空间设计，独断的说已不是“故意做作”，而是追求“娱乐性（Entertainment)”。

特别值得一提的是，90年代的商业形态主要以两个侧面为基础。这就是，上述的消费行为的“实质性”和处于成熟化社会的人间欲望的“自我实现性”。前者，方便商店和各种街面商店活跃盛行。后者，以“健康”、“轻松”为主题的运动俱乐部和各种娱乐设施、沙龙（治疗院）等以大都市为中心逐步增加，PACHINKO等娱乐设施也把重点放在追求某种“娱乐性”。对于整天被紧张状态所困扰的都市生活者来说，“放松（RELAXATION）”成了今后愈发重要的课题。使人重新振作的商业设施在商业形态多样化的同时，在设计上下工夫也成为必要。

另外，随着经济的世界规模化，表明大竞争时代已经到来，90年代中期外资大型专卖店的市场介入开始引人瞩目。具有代表性的有被称作玩具界大型超市的“TOYSRUS”和服装界的“GAP”、“Eddie Bauer”等。1991年“TOYSRUS”1号店开张，至1999年店铺已超过80家，全年销售额高达1000亿日元，占据整个日本玩具市场的10%。在日本零售业处于低迷之时，这些外资大型专卖店却能获得如此成功，其主要原因在于所有店铺都商品齐全、价格低廉，正确把握消费倾向，采用实质性的室内设计。

以上，关于90年代的商业环境，就经济状况产生的消费倾向变化及设计上的“娱乐性”加以了具体叙述。而综观当今商业设施的设计，各种各样的要素相互结合、相互作用，说其处于混乱状态也不算夸张。像70年代在设计上起领导作用的设计师和范例已不复存在，也可说现在已进入了不需要这些要素的时代。

本书的目的在于登载代表这些现状的作品（作为设计师个人的设计成果）。如能给大家提供一些参考，将不胜荣幸。

从本书，还可以认识到面向21世纪的可能性。这就是，不光在商业环境设计方面，从企画到废弃的整个过程中，用设计管理（Design. Management）的观点来正确看待设施应该以怎样的方式存在的课题。

今后的设计，必须在充分掌握地球环境问题和社会经济状况的基础上，追求扎根于人类（Humanity）的、散发着芳香的高水准设计。

图9 Phoenix Resort SEAGAIA Ocean Dome

图10 CANAL CITY HAKATA

岩本胜也

Katsuya Iwamoto

苹果家（日本料理）

日本自古以来就有着与自然相融和相共存的文化，而这些文化已被现代社会逐渐淡忘。寻求流露于日本人本质中的“先祖之心”，则是开辟未来的关键所在。

设计只是一种手法，最重要的还是设计者对物体制作的认识。原本在日本，认为设计不单是造型，眼睛所无法看到的物体也加以“美”的渲染，道德、教养、生活方式中也有“美”的存在。

作为日本人、已将日本文化牢牢地吸收为自身的一部分。眼睛虽不能察觉，来访的顾客却能具体感受到“招待的真髓”。满足顾客欲望的朴素空间，在“苹果家”得到实现。

室内装潢设计的未来无法断言，但从现代社会中接受的观念，可以自我解放、自我剖析，以正直之心在现实中生活，并创造出新的现实。

设计者：
岩本胜也

简历：
EMBODY DESIGN ASSOCIATION 代表

建筑名称：
苹果家（RINGO-YA）

所在地：
大阪府大阪市中央区本町 3-5-1　B1F

面积：
46m²

主要装饰：
吧台方形纸罩座灯 /Ø300 和纸式透明有机玻璃
竹编、薄膜表面加工
壁面方形纸罩座灯 /5mm 厚半乳色有机玻璃
和纸贴面

施工单位：
NISHIMURA 建设

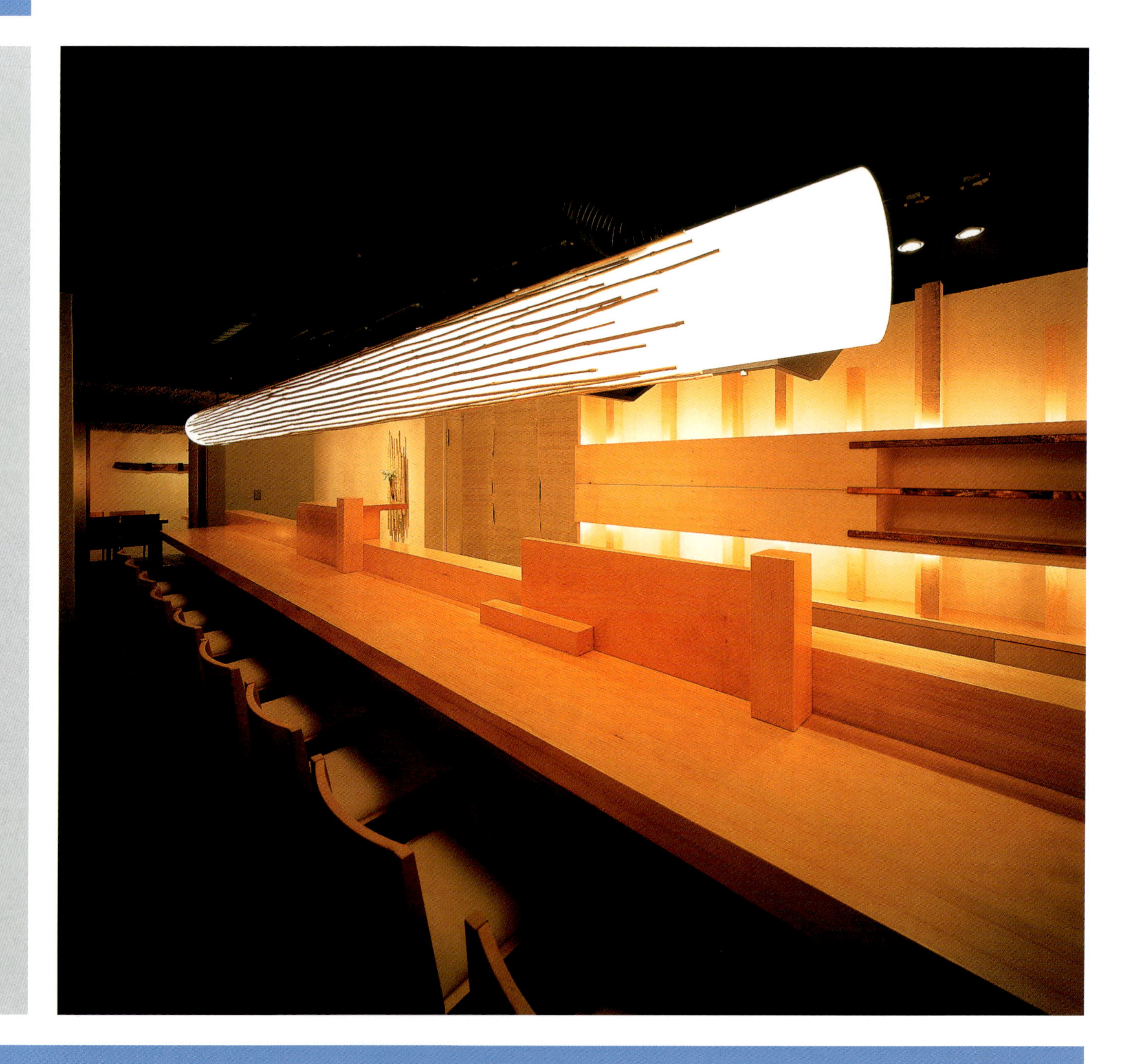

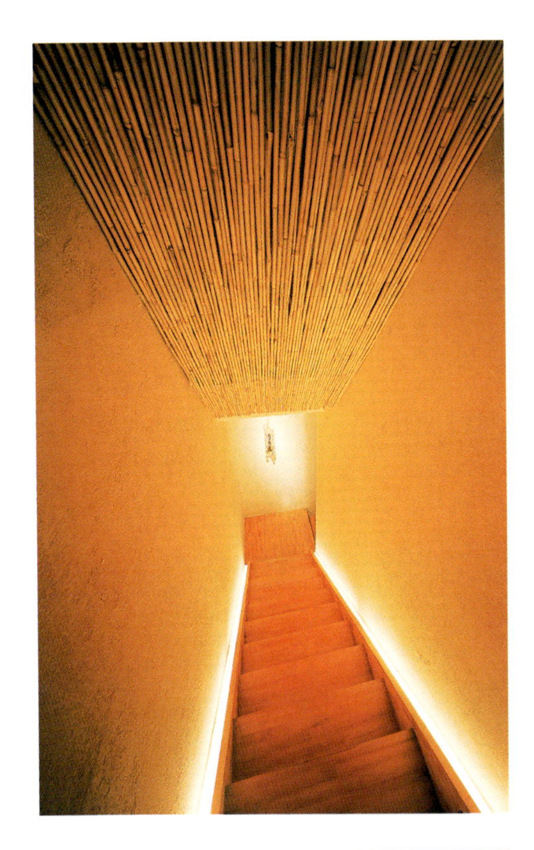

牛建务

Stom Ushidate

新宿聘珍楼（中式餐厅）

新宿聘珍楼位于新宿三井大厦的第54层。面积约为300坪（992m^2），可以一边进餐一边远眺东京都的夜景。正面还耸立着东京都市政厅大厦。

设计中所使用手法不同于一般店铺。运用现代样式，突出了感性，通过各种各样的照明效果演示了潇洒的空间。从入口到接待处为引导部分，并在店内的中心部位设置了休息室。左侧为可以举行宴会和结婚典礼的大厅，右侧是带照明的玻璃屏风，构成了单间型的包厢式空间。注意到入口部分在平面处理上会有单调之感，将地面上提40cm，当客人进入店内时通过高度的改变从而领会到一种立体感。由于从入口处开始就使用石灰石，运用素材的柔和性，酝酿出一个高雅而不奢华的空间。

设计者：
牛建务

简历：
INTER SPACE TIME代表

建筑名称：
新宿聘珍楼
(Shinjuku HEICHINROU)

所在地：
东京都新宿区西新宿2-1-1
54F

建筑面积：
1006m^2

主要装饰：
地面／灰浆基层　水磨石灰石铺面　水泥预制板基层　椋木地板材铺设　椋木地板材边缘加工铺设　地毯铺设
墙壁／MOCK CREAM涂饰　水磨加工　耐火板材基层　合成单板装贴　亚克力光漆涂饰
顶棚／耐火板材基层　合成单板装贴　和纸装贴　亚克力光漆涂饰

施工单位：
丹青社

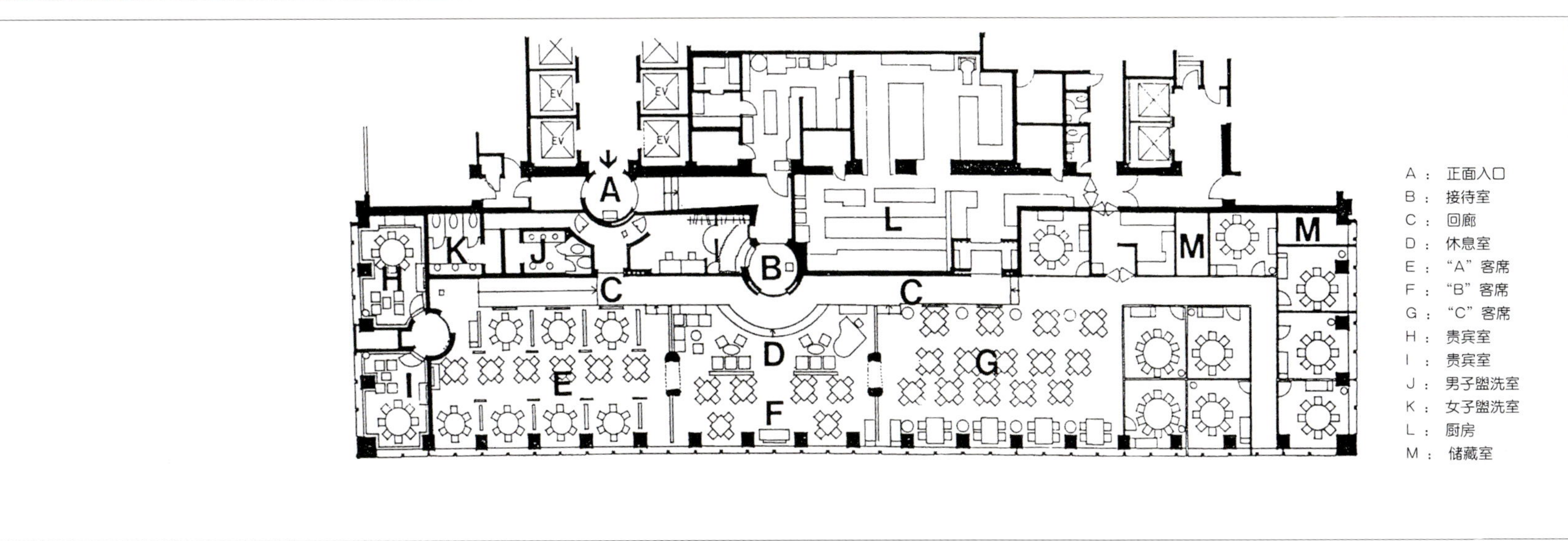

EV
EV
EV
EV
A
B
C
C
D
E
F
G
H
I
J
K
L
M
M
A： 正面入口
B： 接待室
C： 回廊
D： 休息室
E： “A”客席
F： “B”客席
G： “C”客席
H： 贵宾室
I： 贵宾室
J： 男子盥洗室
K： 女子盥洗室
L： 厨房
M： 储藏室

牛建务

Stom Ushidate

灿宫 & 星尘（中式餐厅＋酒吧）

作为富有纪念意义的建筑样式，高173m的两幢超高层在最高处被连接，而第39层也就成了浮游于空中的餐厅。这一特异形建筑不但没有受到内部空间的影响，反而在环境建设中将自身的优点加以有效地利用。作为面向21世纪的设计，手法也可引用20世纪30年代的建筑要素定论"1930+70+ α =2001年"。这仅仅是与特定时间无关的设计手法，强调基本，删除细节，回到追求素材的原点。

整个餐厅由酒吧、休闲、中国料理餐厅这三个营业形式相异的部分组成，由此形成了顶棚高为7m的回廊及环绕着圆周150m的钵状大空井式共享空间。40多根圆形模拟立柱强调了回廊的距离和形状，可以360° 放眼瞭望的回游路线使用了白色的大理石，走入其中就好似游荡在云里雾中。

设计者：
牛建务

简历：
INTER SPACE TIME 代表

建筑名称：
灿宫 & 星尘
(Sangu & Stardust)

所在地：
大阪府大阪市北区大淀中1－1－30 39F

建筑面积：
1578m²

主要装饰：
地面／灰浆基层
大理石铺设
橡木地板材铺设
人造花岗石铺设
着色单板铺设
地毯铺设
墙壁／板材基层
木质装饰板材装贴
水泥薄层粉饰
大理石装贴
顶棚／板材基层
乳胶状合成树脂粉饰
水泥薄层粉饰

施工单位：
丹青社

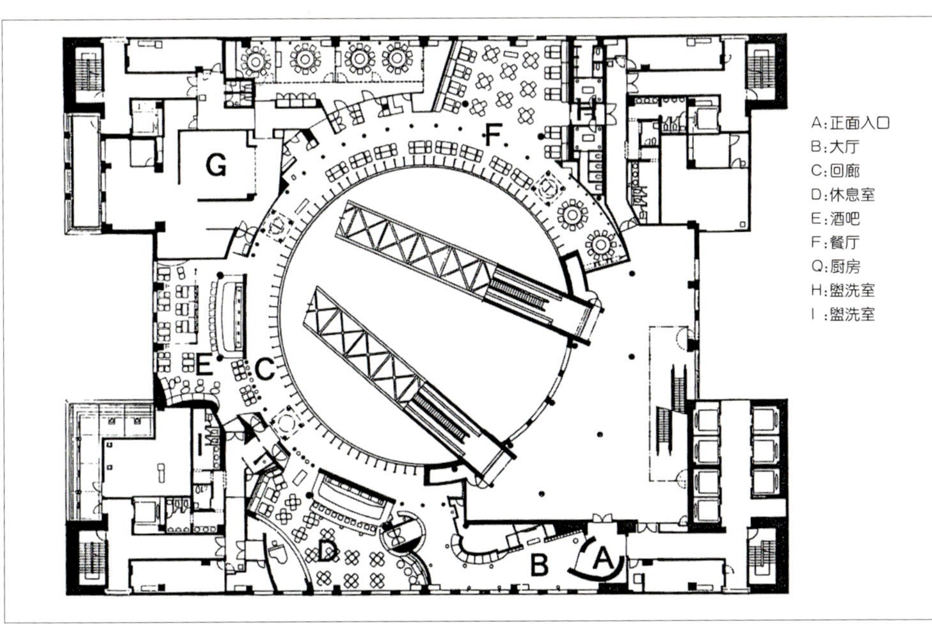

A:正面入口
B:大厅
C:回廊
D:休息室
E:酒吧
F:餐厅
Q:厨房
H:盥洗室
I:盥洗室
G
F
E
C
D
B
A

往藏稻史仁

Toshihito Okura

SPAGHETTERIA UNO（意大利餐厅）

本餐厅占地条件比较封闭，位于地下的店铺只有连接路面的引导楼梯。因此，业主提出了追求空间“新鲜感”的要求。所以整个设计方案不同于以前的空间创作，只表现自我独特的部分，并与其他的店铺作比较，选择其中独具一格的形式，进行最后的空间构成。色彩作为与地面、墙壁、顶棚同等重要的一个因素，也被列入了设计范畴。

在设计上，由于对设计范围、形状的放弃，从而获得了更大的自由。对“目的”的再思考，可从中提炼出超越“形状”的要素。由业主的“经营目的”和设计者的“设计目的”创造出新的“目的”——可能性。当然色彩作为表现手法之一，但决不是全部。我们通过印象使顾客收到信息，所以由印象产生的信息与形状有着同等的意义。我们把设计主题转移到追求目的与印象之关系的“关系设计”，运用色彩等要素，最终达到从形状向形态的改变。

设计者：往藏稻史仁

简历：桑泽设计研究所毕业
设立 T&O STUDIO
荣获 NASHOP LINGTING CONTEST 银奖
日本平板玻璃 SHOP&DISPLAY CONTEST 鼓励奖
JCD 佳作奖等多个奖项
协力：椅子/a.z.b.

建筑名称：
SPAGHETTERIA UNO
所在地：东京都新宿区
面积：70.68m²

主要装饰：
地面/灰浆基层　白色大理石及黑色花岗石图案拼贴　12mm厚预制水泥板基层　不锈钢贴面表面磨光加工
墙壁/12.5mm厚石膏板基层　上浆上等细麻布　亚克力光漆涂饰　装饰板贴面　染色枫木硬面涂塑加工　密胺树脂装饰板装贴　不锈钢式鱼鳞状研磨加工
顶棚/钢结构12.5mm厚石膏板基层　上浆上等细麻布亚克力光漆涂饰　局部薄铁板表面密胺树脂烧结加工　1.3mm铁板弯曲加工
家具/人造革装饰
日常用具/收银台/大理石装贴　1.2mm不锈钢装贴镜面加工化装螺钉固定

施工单位：
SANYU建设

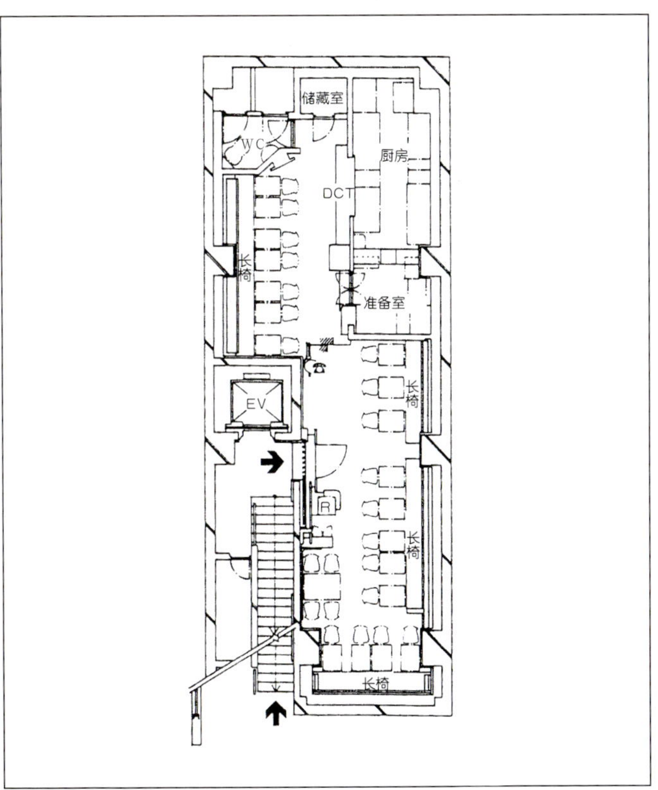
储藏室
WC
厨房
DCT
长椅
准备室
EV
长椅
R
长椅
长椅

往藏稻史仁

Toshihito Okura

银座TAN 醉亭（日本料理）

这间店铺的正面入口由于不很规则，故取消了入口引导部分。空间根据功能所引发的变化可做出自由的对应。为了使整体内装装潢设计得以成立，在布局上与空间特征的构成产生了矛盾，整个空间变成了一个非常暧昧的箱子。所以，通过布局所产生的顾客的视线，作为室内设计的一种手法被加以利用。以已确定的平面布局为基础，将店内所有顾客的视线暂且具体形象化，如果个人效果得以成立，那么自我将从受空间条件限制的全部束缚之中得到解放，从而写“某种真实性”加以区别。这里所指的“某种真实性”具有比考虑形态和物体之间关系更加重要的意义。在此值得一提的是“消费”问题，其包含了重要的意义，只有在考虑到潜伏于“消费”之中的“某种真实性”的时候，崭新的设计才会成为必须解决的问题。

设计者：
往藏稻史仁

简历：
桑泽设计研究所毕业
设立了T&O STUDIO
荣获 NASHOP LINGTING CONTEST 银奖
日本平板玻璃 SHOP & DISPLAY CONTEST 鼓励奖
JCD 佳作奖等多个奖项

建筑名称：
银座TAN 醉亭(GINZA TANSUITEI)

所在地：
东京都涉谷区

建筑面积：95.2m²

主要装饰：
顶棚/轻钢结构12.5m厚石膏板下底 上等细麻布上浆处理亚克力光漆涂饰 光泽减弱处理 局部天然木化装合成板装贴 表面洁净加工
墙壁/轻钢结构条板木下底 灰浆涂饰(局部彩色灰浆涂饰) 12.5mm厚石膏板下底 柏木贴面 表面精细染色加工
地面/均匀灰浆下底 30mm厚搀墨灰浆涂饰 不锈钢装饰接缝 木轴结构 15mm厚水泥预制板下底柏木地板材铺贴

施工单位：
(株)五洋建创

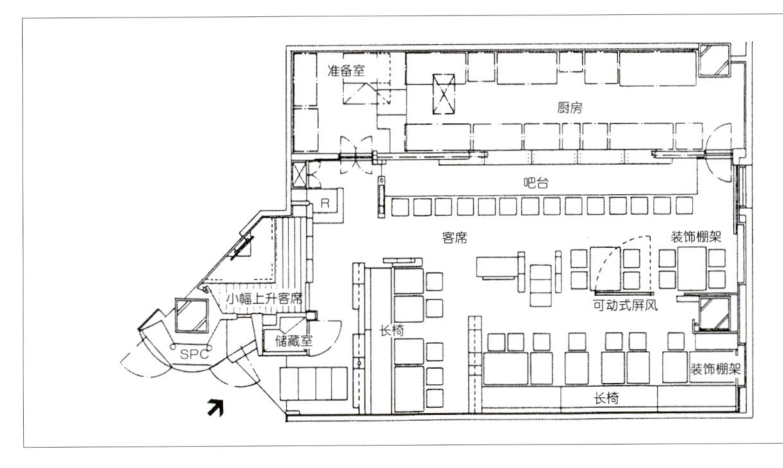

准备室
厨房
吧台
R
客席
装饰棚架
可动式屏风
小幅上升客席
SPC
储藏室
长椅
装饰棚架
长椅

大塚孝博

Takahiro Otsuka

Ristorante CHERUBINO（意大利餐厅）

“光和风的教会”是以结婚典礼为目的，在此之中并设有餐厅。一层是展示室和咖啡厅，在这里通过楼梯井可以看到二层的餐厅Ristorante CHERUBINO。Ristorante CHERUBINO具有70席左右的客席，一般是通常的营业，结婚仪式的当天可以成为专用喜筵会场。餐具室的前面设有透明和黄色两种层叠有机玻璃柱，玻璃柱的设置确保了走廊的畅通。最内的墙面装饰，没有使用一般的金屏风，而是使用了800mm×100mm×100mm的彩色修边有机玻璃砖，5～6种彩色砖自由布局，背部内藏照明，放射出柔和的光线，间接的照明打在顶棚的陶瓷板上，增加了光和影的效果。

人数少而又质朴的结婚典礼，友人的欢笑，来宾的祝福，这样的形式将成为未来婚礼形式的主流。

设计者：
大塚孝博

简历：
1949年福井生
1978年参加PLASTICS STUDIO ASSOCIATES
1993年大塚孝博设计事务所设立
荣获1992年NSG shop & interior design contest优秀设计奖
1995年Eve shop & interior design contest最优秀奖等多奖项

建筑名称：
Ristorante CHERUBINO

所在地：
福冈县北九州市户畑区西鞘谷町11-52

建筑面积：
117.32m²(餐厅部分)

主要装饰：
顶棚／贴不燃瓷砖
墙壁／12.5mm厚石膏板下底亚克力光漆涂饰涂装
地面／贴石灰石

施工：
ARTEC HOUSE 山田博志

大桥正明

Masaaki Ohashi

花暖帘（日本料理）

“花暖帘”以连锁店方式，规模逐渐扩大。赤坂见附店是第十家分店。

以“洋洋和和”为重点，以开放式厨房为中心的共享临场感的设计主旨，贯穿整个店铺。与此同时，尽量使用建筑物的自身条件来进行空间表现，也是店铺的一个较大特征。

花暖帘的占地条件并不算好。位于大厦地下层面最后部的店铺，不得不用抽象的手法引入外部空间的自然形象，并通过名为“天空”的和式包房，构成了空间的多样性。

“烟雨朦朦、白光斜射”的寂静梦幻之景、上光处理的腰果树木材立于水面、不锈钢交织出白白细雨、光与“烟霭”层叠交错的照明……围绕其中的客席，荡漾着宁静，与热闹的吧台形成内与外的对立，达到了相辅相成的效果。

设计者：
大桥正明

简历：
(株)omdo主宰
东洋美术学院主任教授

建筑名称：
花暖帘
(HANANOREN)

所在地：
东京都千代田区永田町2-14-3赤坂东急广场地下一层

面积：
384.705m²(其中厨房55m²)

主要装饰：
地面／氯化塑料地砖　松木地板材
墙壁／SUNFUT 木纹装贴
手工制作和纸装贴
顶棚／透明塑料　石膏板基层
亚克力光漆涂饰

施工单位：
(株)滝新

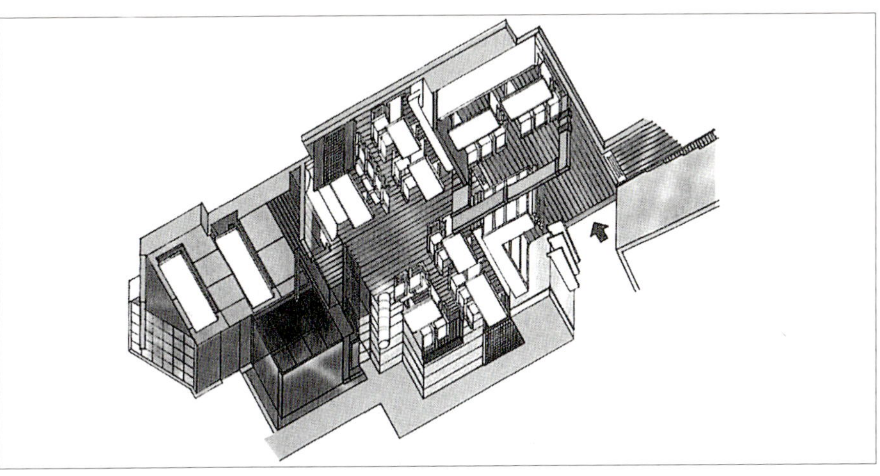

笠井三笠

Mikasa Kasai

Famil（咖啡）

暂时的无言

宁静、安稳

色彩的巡游、色彩的造型

在你的心目中，不知什么正在逐渐高涨，把你引向深深的内在世界

新的力量、想像力，在你的内心成长

小小的世界，正在展开跃动的连续剧

德彪西的《月光》，宁静、微妙，细腻地述说着色彩

泰纳的《海的世界》，在激荡中描绘着色彩

极端的宁静，强烈的粗犷，充满紧张与变化的内在世界

在这里，你将开始一段新的历程

空间深处，色彩、形状所表现的自然(海的表情)和整个空间一起，会给你更多的感受

在这里，你将回顾自我，回归自我，在不知不觉中创造新的激荡

自然之中、海之中，有着数不尽的表情

色彩与影像之中，表现出无限的有机、跃动的风姿

设计者：
YM Design Partners 笠井三笠　佐藤贵光

简历：
YM Design Partners 代表
商业环境设计奖 1982 优秀奖
商业环境设计奖 1989 佳作奖
商业环境设计奖 1993 鼓励奖

建筑名称：
Famil

所在地：
东京都品川区东品川 1-39

面积：
419.76m²

主要装饰：
地面/灰浆基层　瓷砖、塑料锦砖铺面
墙壁/12mm 厚石膏板基层亚克力光漆涂饰
顶棚/12mm 厚石膏板基层亚克力光漆涂饰

摄影：
Nacása & Partners inc.

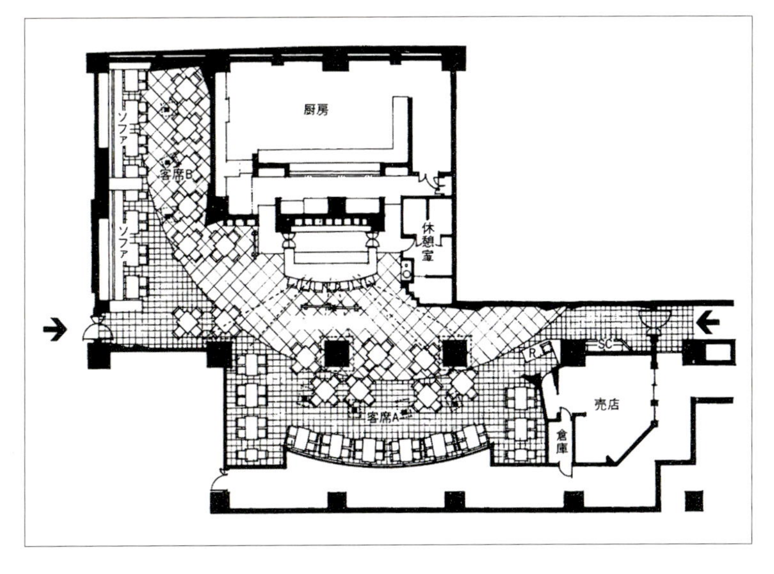
厨房
ソファ
客席B
ソファ
休憩室
客席A
売店
倉庫

兼城祐作

Yusaku Kaneshiro

福之木（日本料理）

与其设计一个宽大无聊的大空间，不如设计一个稍小但感觉良好的小空间，这是"福之木"的设计理念。以吧台为中心四周长椅席围绕，还拥有散座和包间，中间局部设高低差，使之具有进深感，是一个能对应各种变化的设计。

在材料方面，使用过的旧木材、旧炼瓦的再利用，被风雨吹打过的旧钢板、旧石，干竹、麦秆等风化过的素材的再使用，使整个空间产生一种温暖的气氛，同样没有使用华丽的照明，基本是以柔和的灯光为中心，酿成光和影的对比效果。在保守的空间内又增加了色调感，无装饰的地板和造型照明的组合，使之表现出独特感。福之木没有将传统的"和"践踏而解体，没有受形式和样式的束缚，是一个加以具有意图的变化的要素形成的空间。

设计者：
兼城祐作 佐藤弘美

简历：
1960 年冲绳县生
1981 年东京设计者学院毕业
1988 年设立环境工学研究所

建筑名称：
福之木(FUKUNOKI)

所在地：
东京都千代田区神田神保町
2-20 1F

建筑面积：
1 层 $111m^2$
中一部 2 层 $8m^2$

主要装饰：
顶棚/美国松木板 油漆着色
硬面涂饰加工 局部天然石板
铺面
墙壁/加入麦秆、滑秸类的硅藻土涂饰 局部旧瓦、古石、旧钢板贴面 地面/干竹装饰
局部加入麦秆、滑秸类的硅藻土涂饰

施工：
TAJIMA 创研

摄影：
Nacása & Parteners inc.

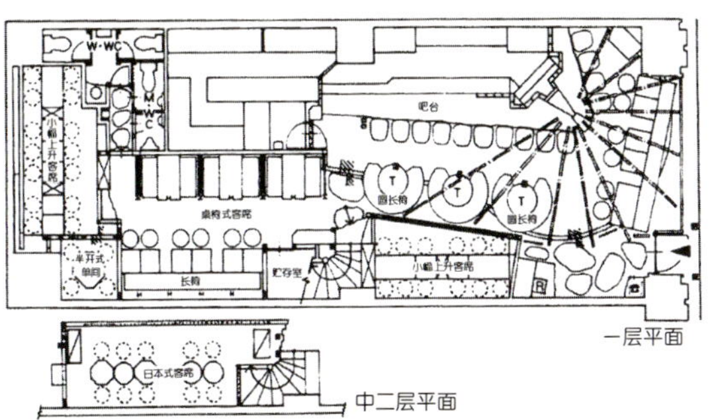

一层平面

中二层平面

川端宪二

Kenji Kawabata

寿司长（日本寿司料理）

寿司长位于神奈川县川崎市高津区面对府街的大厦的一层，以寿司为主的和食餐厅。这次的设计思想是，在由建筑物围成的内部空间内，将外部世界引入内部，形成内外一体化的空间。

联想到日本的空间意识观时，空间原本不是封闭的，而是开放的，在这样的空间内人们的心自然也开放，人和自然合二为一，从而产生又一个愉快的空间。

飘浮在顶棚上的照明灯光，外部的构成立壁，从外部映入的深深的光线等等，通过设计表现了想对外部开放的精神，内和外合为一体，内部的世界融合在风景之中。在什么时候见到的事，就如想像中的风景那样在眼中隐藏起来。

在我的脑海中浮现出的是，圆圆的而又明亮的月亮。

特别喜欢绿色的事……

在什么时候，其他的柔和的光线将我环抱，我将会陶醉在此之中。

设计者：
川端宪二

简历：
1976年 PLASTICS STUDIO ASSOCIATES 设立至今

建筑名称：
寿司长(Sushicho)

所在地：
神奈川县川崎市高津区沟之口1207

建筑面积：67m²
(其中厨房26m²)

主要装饰：
顶棚/12.5mm厚石膏板下底上等细麻布上浆处理　亚克力光漆涂饰(白色)
墙壁/12.5mm厚石膏板下底上等细麻布上浆处理　亚克力光漆涂饰(白色)
地面/着色灰浆涂饰水磨玄昌石上光　贴寒水石

施工：
西野建筑事务所

摄影：
Nacása & Parteners inc.

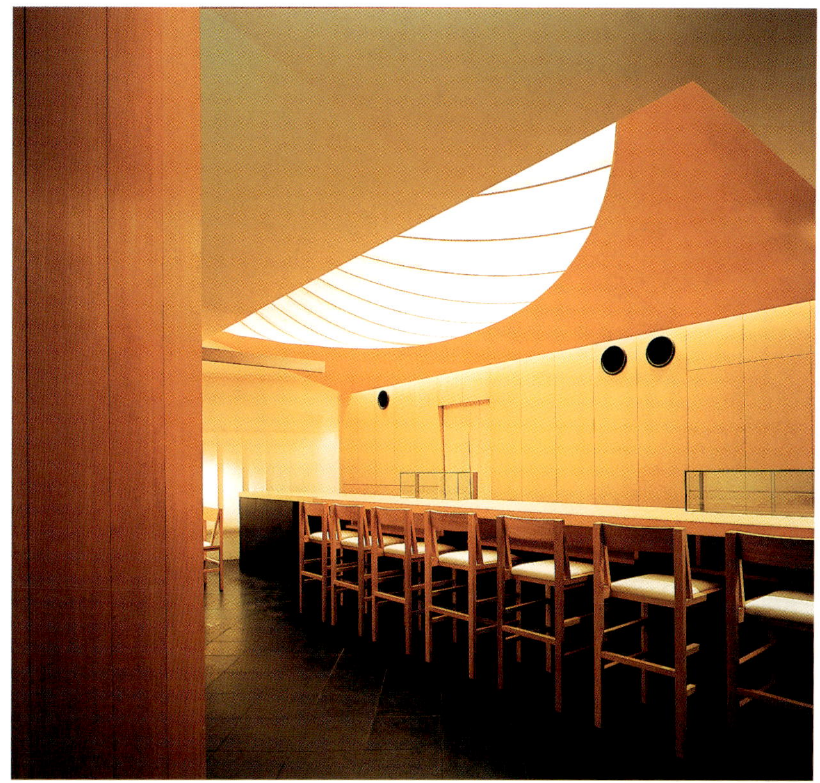

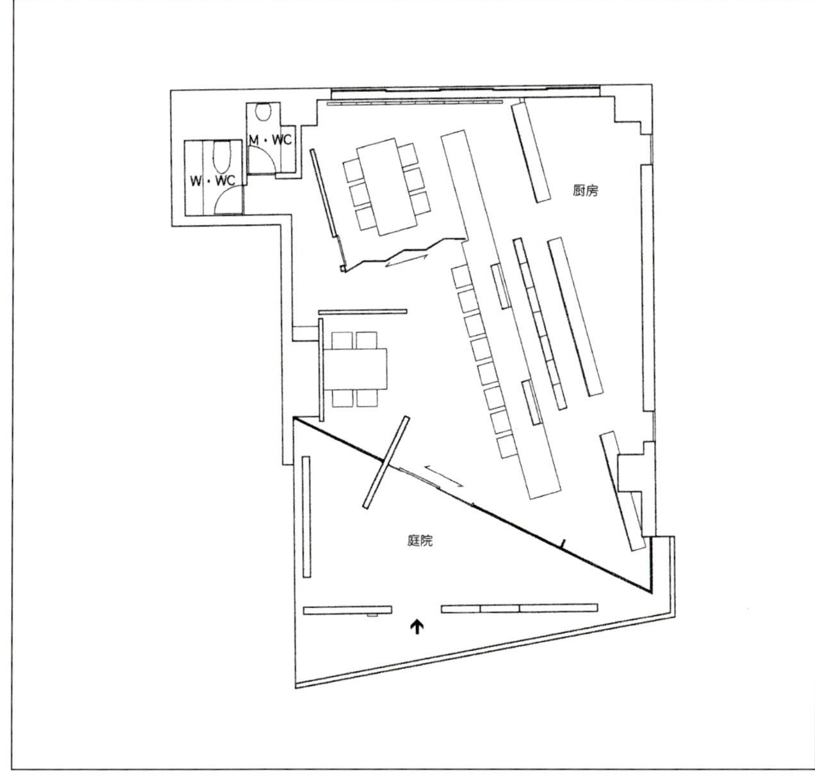
M·WC
W·WC
厨房
庭院

岸和郎

Waro Kishi

霜华（日本料理）

日本式餐厅"霜华"位于大阪市内一幢六层办公楼的地下一层和地上一层。整个设计把地下一层和地上一层相连接，产生一个共享空间，入口的设置面向街道。设计的第一个目的是表现从地面入口到地下一层餐厅的引导空间，把所给空间形状之设计条件，当作通常建筑设计用地来掌握，好比在办公楼中设计建造另一幢不同性质的建筑。从入口经过几个过渡空间，每次方向的改变都会有一个新画面的展开，这一移动路线设计方法也是整个设计的第二个目的，即对日本式空间表现的重新见解分析与回答。最终到达的空间虽看不见，却能通过感觉周围的气氛，渐渐地接近目的地。这一与日本神社入口相似的引导方式应该说是真正地表现了纯日本式的空间。

设计者：
岸和郎

简历：
1950年生于神奈川县
1978年京都大学硕士课程建筑学专业毕业
1981年建立岸和郎建筑事务所
1993年任京都工艺纤维大学副教授至今

获奖状况：
1991年获熊本景观奖
1993年获新日本建筑家协会新人奖
1995年获日本建筑学会作品选奖
1996年获日本建筑学会作品选奖、日本建筑学会奖

建筑名称：
霜华(SOHKA)

所在地：
大阪府大阪市阿倍野区

建筑面积：
95.73m²

施工单位：
白水社

摄影：
平井广行

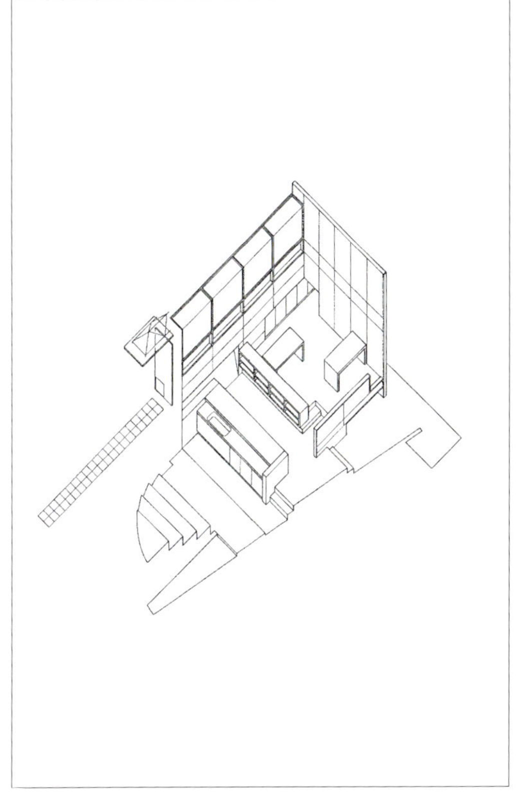

吉柳满

Mitsuru Kiryu

小仓暖帘村（综合饮食城）

作为都市的商业设施，首先必须具备强烈的针对个体空间的独创意识。当这些个体被结合时，又会给都市带来独特的感觉，也使人们被内藏于环境中的力量所迷惑。

小仓暖帘村是一幢复合型商业空间建筑，也可说是具有独创性的个体集合。各个店铺虽规模较小(30m²)，但在设计上表情各不相同。这也是经过“修行”的个体经营者的目的所在，运用小额资金构筑一个能表现自我个性的独创商业空间。当穿过一层薄薄的反映着各自“面容”的门帘，内部空间就是自我表现的舞台，也是自我挑战的舞台。这些拥有舞台的个体集合体体现出独特的环境影响力，整个复合型商业空间成了都市舞台的“留言板”。

设计者：
吉柳满 ATELIER

简历：
建筑家　室内装潢设计师　商业空间编辑
1944年出生于福冈县饭冢市
1967年毕业于名城大学建筑学科
1976年设立吉柳满 ATELIER
1991年设立株式会社 K's空
1994年荣获日本商业环境设计奖(阿冈剧场)
1995年荣获JCD设计奖(小仓暖帘村)

协力：
规划／株式会社 K's空
构造设计／ZIN构造设计室
设备设计／武藤设备设计室

建筑名称：
小仓暖帘村
(KOKURA NOREN MURA)

所在地：
福冈县北九州市小仓北区

规模：
地下一层 地上四层

面积：513.31m²

构造：
钢筋混凝土结构　局部为钢结构

施工单位：
铁建建设九州支店

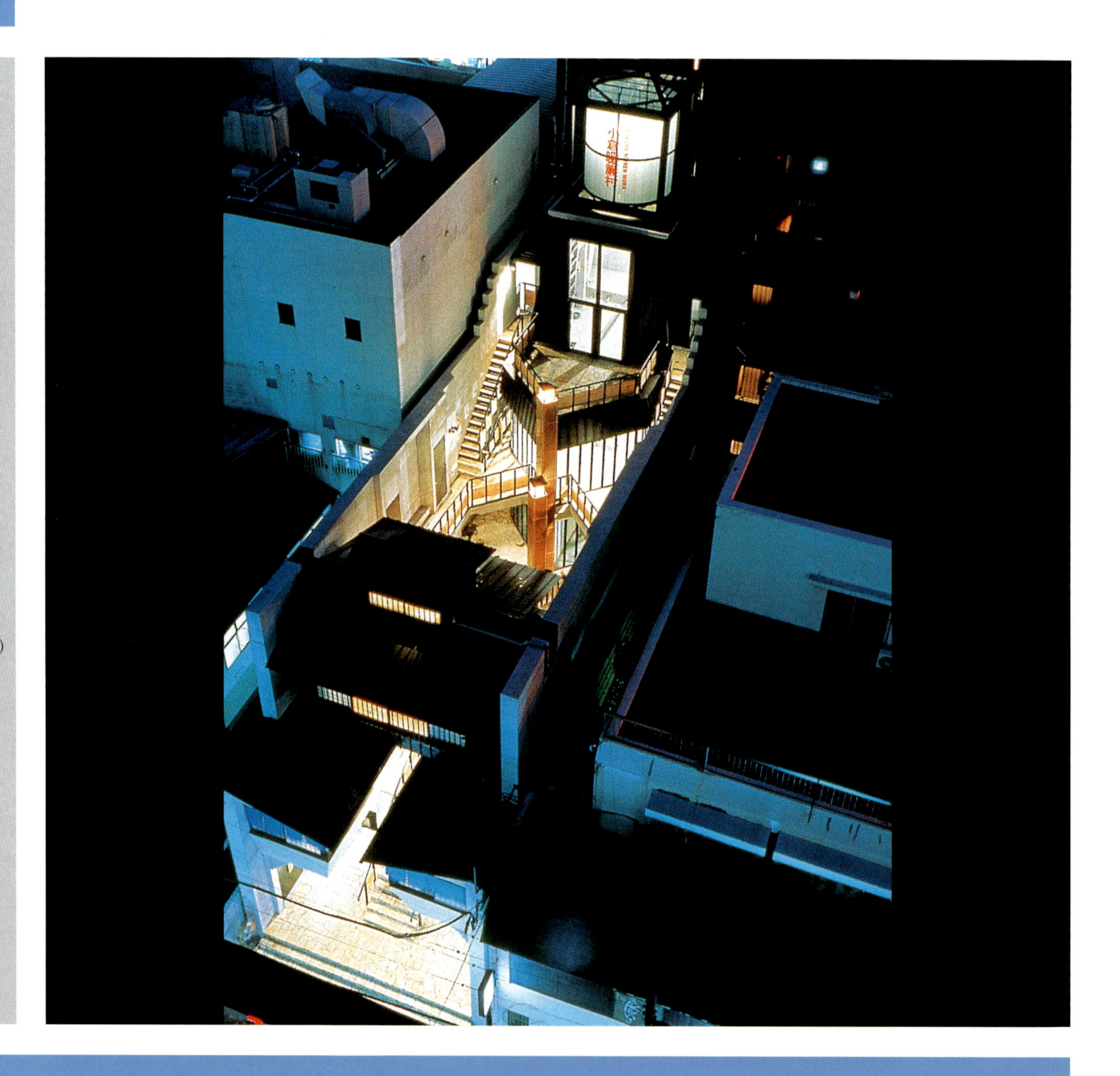

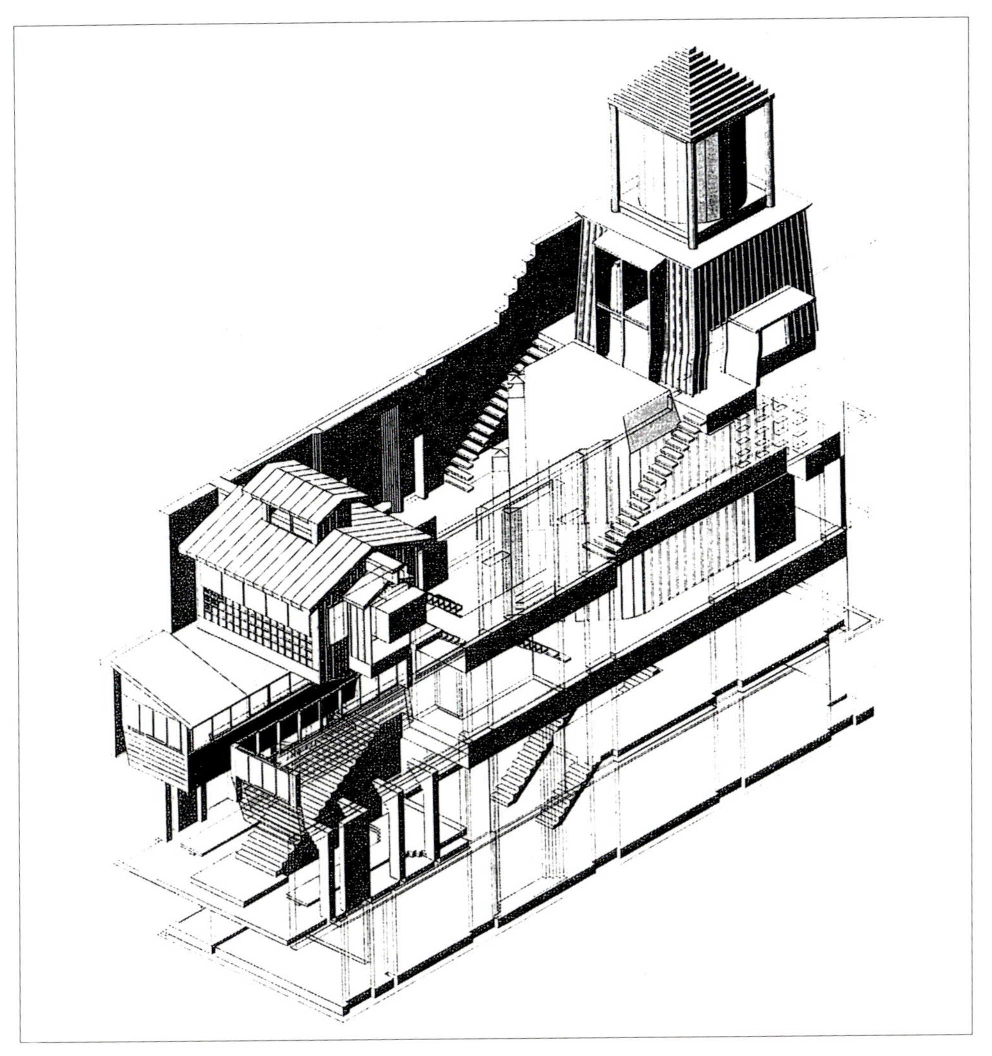

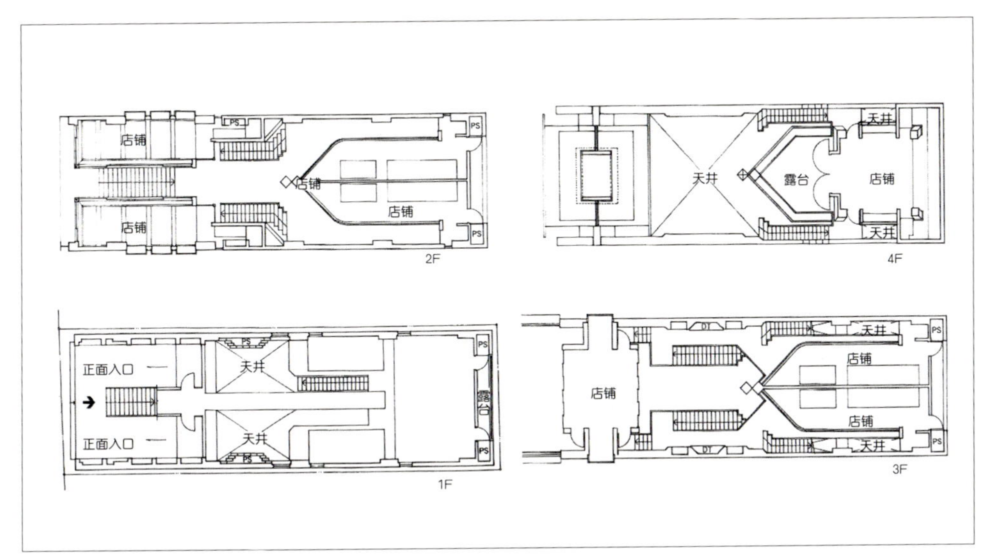
店铺
店铺
店铺
店铺
2F
天井
露台
店铺
天井
天井
4F
正面入口
正面入口
天井
天井
露台
1F
店铺
天井
店铺
店铺
天井
3F

吉柳满

Mitsuru Kiryu

阿冈剧场（日本烧烤料理）

整个建筑的占地面积极为狭窄，各层仅为30m²。一层和地下层为饮食店(烤鸡串店)，二层和三层为一般住宅。为了能在这小小的空间里表现出无限的宇宙，设计上使用了多种独特的手法。整个空间充满了娱乐性，店员仅两人的小店铺，最大限度地满足了客人的要求。

店铺下层为烧烤台(厨房)，店主在此进行料理，楼梯处设置了扇形柜台，烧烤台的上部为共享空间。店铺上层为榻榻米客席和与店主进行交流的空间，通过上下层的结合，使烧烤台变成了舞台，舞台上的店主与客人进行亲密的交流，整个店铺变成了一个小小的剧场。刚烤好的"阿冈年糕"通过滑车由烧烤台送到上层，然后顾客自己动手传递。由此客与主、客与客的关系得以确立，自然中的交流，形成了一个充满独特气氛的商业空间。

由于空间极小，细节部的规格尺寸无法使用一般尺寸。而是以人与空间的关系为基础，对应各个空间的使用目的独创了自己的规格尺寸，从而"无限宇宙观"的具体表现也得以可能。

设计者：
吉柳满　ATELIER
吉柳满　山下充彦

简历：
建筑家　室内装潢设计师
商业空间编辑
1944年出生于福冈县饭冢市
1967年毕业于名城大学建筑学科
1976年设立吉柳满ATELIER
1991年设立株式会社K's空
1994年荣获日本商业环境设计奖(阿冈剧场)
1995年荣获JCD设计奖(小仓门帘村)

协力：
构造设计　ZIN构造设计室
设备设计　武藤设备设计室

建筑名称：
阿冈剧场(Oka-Chan Gekijo)

所在地：
东京都北区上中里

规模：
地下一层　地上二层

面积：
69.14m²

构造：
钢筋混凝土结构

施工者：
山荣工务店

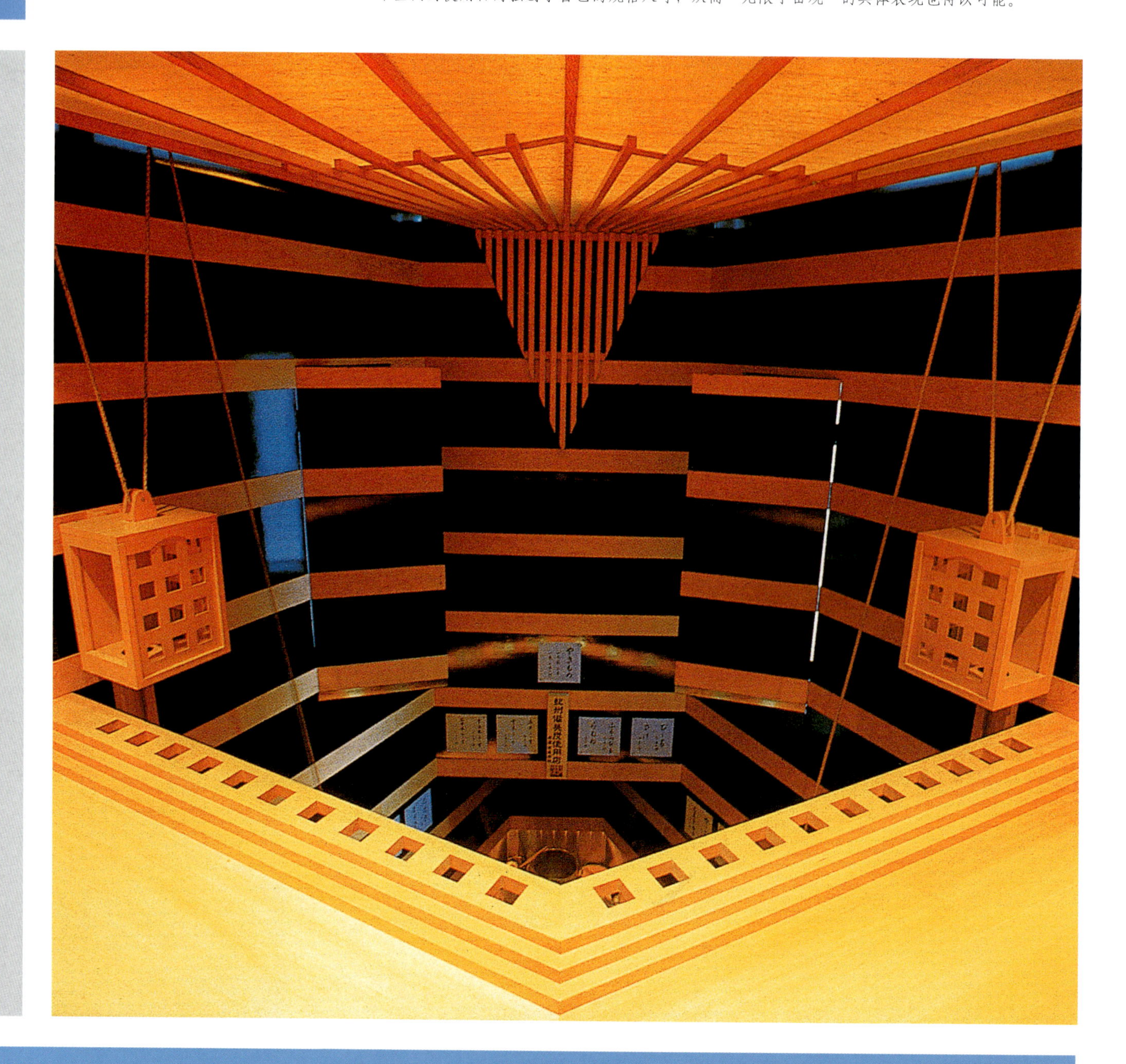

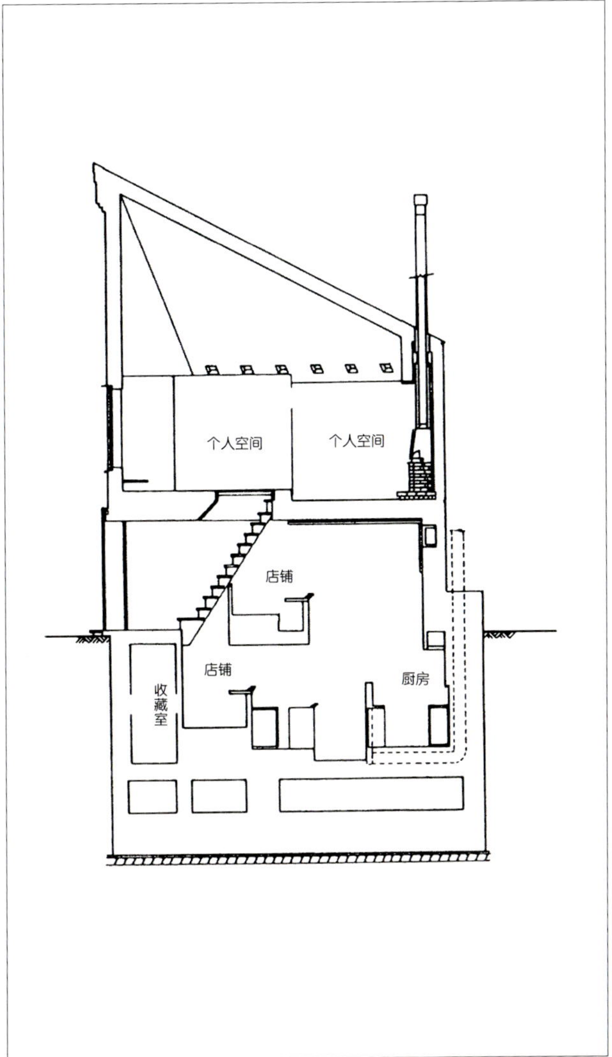

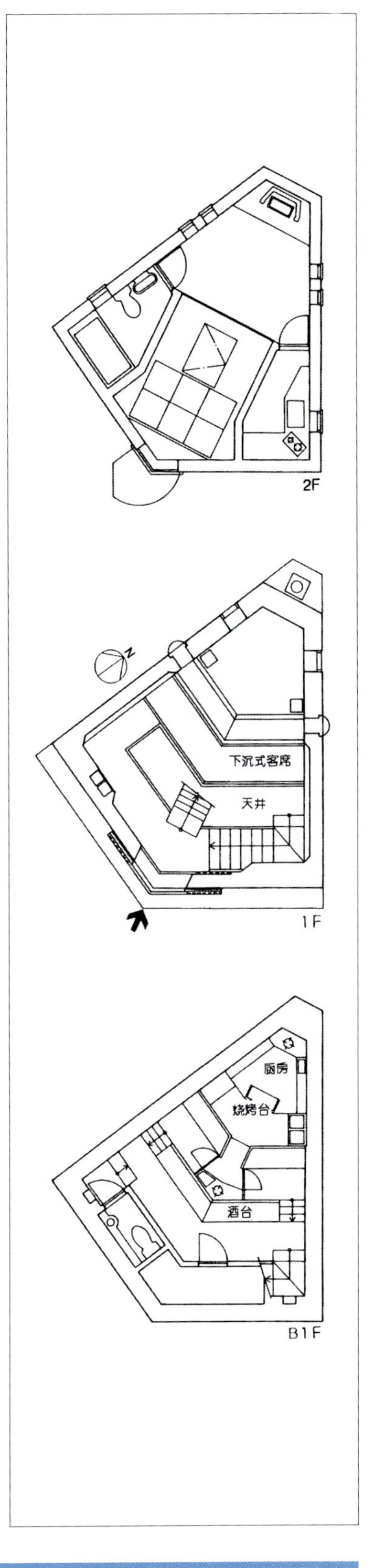

地下一层的烧烤台

乡力宪治

Kenji Goriki

CHAYADOS（啤酒屋）

啤酒屋兼咖啡厅CHAYADOS位于JR新京都站内，以娱乐设施的形式支持协助站内东端的文化设施THEATER 1200。最初设定的设计规划是从硬件、软件两方面将整个店铺设计成一个能体验全方位影像的球形立体影院。

作为影院——餐厅这一特殊形式、影像环境虽说是主角，餐饮环境的空间表现也是非常必要的。另外在设计上注重了影院空间和餐饮空间必需光线的功能性，以及能适应全方位影像的视觉安定性。9m高的空间里设置了一楼客席和局部二楼客席。放映全方位影像的球形屏幕直径为15m、仰角20°，如同观测天体一般，最高处可达到8m。此外，入口处长14m的引导路，作为通向客席的表现空间，通过调整照明的亮度和光彩，提高了顾客的期待感，店内空间则通过屏幕周围的内陷式照明和台式照明得到控制。

设计者：乡力宪治

简历：
(株)乃村工艺社商业环境事业本部 Creative Director

建筑名称：CHAYADOS

所在地：
京都府京都市下京区　京都站大厦 THEATER 1200 2F

面积：514.8m²

主要装饰：
球形屏幕／打孔铝板
Ø15000　美国制DOME SCREEN 23% VOIDE
地面　2F／水泥混凝土基层碎石半露处理硬质树脂表面加工
3F／水泥混凝土木质抹子涂抹硬质树脂表面加工
壁脚板　12.5mm厚石膏板基层硬木彩色硬质树脂表面加工
墙壁　耐火水泥板
12.5mm厚石膏板基层
顶棚　2F／轻钢结构
21mm厚着色纤维强化石膏板双层贴面
3F／轻钢结构
12.5mm厚石膏板基层塑料光漆涂饰

施工单位：(株)乃村工艺社
摄影：Nacása & Partners inc.

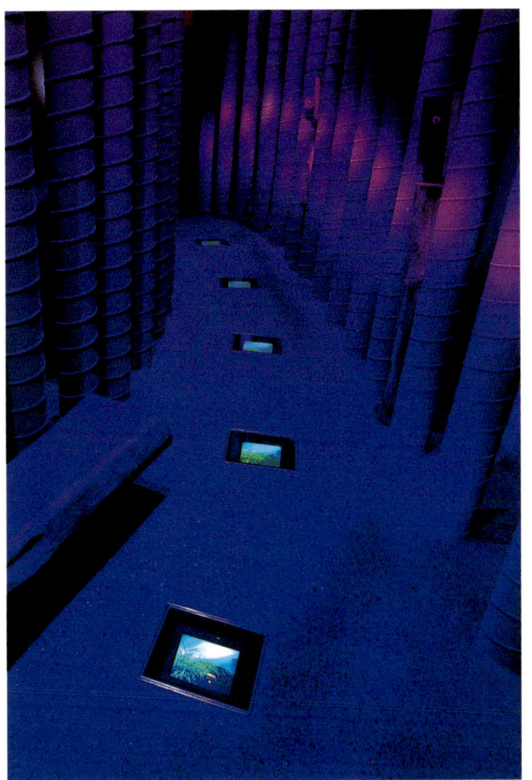

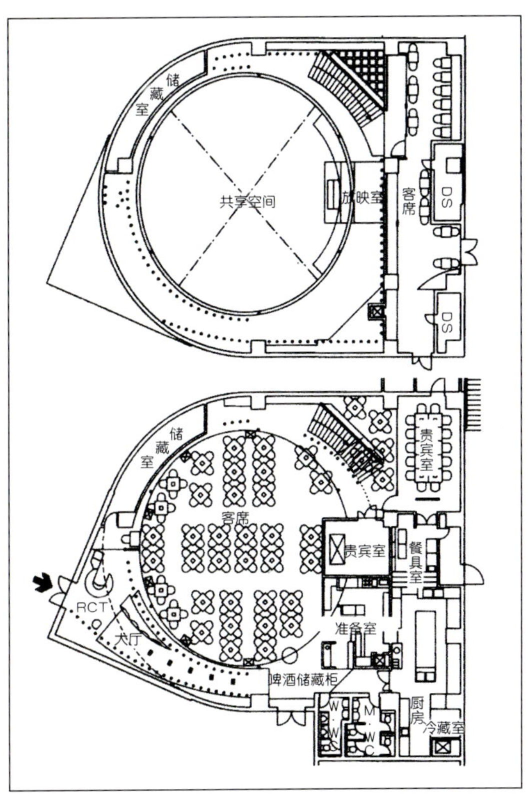
储藏室
共享空间
放映室
客席
DS
DS
储藏室
贵宾室
客席
贵宾室
餐具室
RCT
准备室
大厅
啤酒储藏柜
W.C
M.W.C
厨房
冷藏室

小坂龙

Ryu Kosaka

赤坂庆亭（日本料理）

京风料理、什锦火锅、会员制酒吧，为了适应这三种不同的功能需要设置三种不同形式的座席，如椅子式、榻榻米、高凳式。并使它们适应日本传统室内布置和功能要求，集中在一幢建筑内，以图形成空间对比，突出各自的不同。

通过前厅进入店内，在正厅的位置是客席，穿过过庭式园径，踏上最后一块踏步石，就到了内庭。在右侧是茶厅的位置上，是实行预约制的日本式客席，左侧仓房的位置上布置酒吧，以前的内厅是很少有人进来的地区，是主人收藏贵重物品的地方，将款待贵客的酒吧设置在仓房上是非常耐人寻味的。具有着三种不同功能的空间和日本传统的空间有机统一起来。

在室内装饰上，使用了单色烧瓷表现出日本传统相扑力士的手形，还配有裁判相扑用的扇形照明器具，灯具完全隐藏不见，光所具有的温暖只是诉诸在人们的心坎上，这就是照明设计的目标。

设计者：
小坂龙

简历：
1960年生　乃村工艺社主任设计师

建筑名称：
赤坂庆亭(Akasaka Yoshitei)

所在地：
东京都港区赤坂

建筑面积：
108m²

主要装饰：
顶棚／灰泥糙面
墙壁／灰泥糙面　局部力士手形陶板挂饰
地面／花岗石表面淬火　局部铺鹅卵石　局部榻榻米式地板

施工：
(株)乃村工艺社

赤坂
優亭

寒川彻司

Tetsuji Sangawa

KANAIZUMI（日本面料理）

“与环境的协调和对立”的主题在外观装饰上得到展开。因为正对新建成的黑色花岗石外观的美术馆，所以在外装材料上将两者统一，追求与街区环境的协调。另外，镶嵌在外墙上的店标采用了黑色花岗石磨光与烧结的加工手法，和不锈钢板形成了对比，展现出现代和式商业建筑的风格。

一楼店铺被改装成自助日式面馆。价格低廉的同时，店内井然有序，功能到位，使用耐久性材料，整个平面布局表现出和洋折衷的效果。二、三楼为和式传统茶室风格的面类、火锅专门店。在复层材料组合的基础上，使用了追求透视性和掩蔽性的屏风、门窗，增强了空间的密度和宽敞度。传统的和式空间溶入非寻常性因素，“美丽、幽雅”得以重点突出。

近代的视觉文化社会背景，由店名产生的波浪形象为基础的艺术作品，继承了高松传统文化的雕塑等等，完全交织于店铺空间之中，流露出传统而浓厚的乡土气息。

设计者：
寒川登　寒川彻司　高桥一人

简历：
(株)寒川商业建筑研究所代表

建筑名称：
KANAIZUMI

所在地：香川县高松市紺屋町9-3

面积：
584.25m²

主要装饰：
屋顶／硫化铜板
外墙／不锈钢板　黑色花岗石烧结加工
地面／黑云母花岗石　玄昌石
顶棚／天然木质装饰板　局部墙纸装贴
墙壁／12mm厚石膏板基层墙纸装贴

施工单位：
建筑主体／株式会社　藤木工务店
内部装潢／株式会社　寒川商业建筑研究所

繁田英纪

Hideki Shigeta

一利木（日本料理＋居酒屋）

“一利木”所追求的是将日本传统料理“割烹”和居酒屋相结合，于此同时也就意味着其空间将同时存在两种经营形式。

宽幅长条精制木材制成的吧台和石灰墙，采用了精简的形状，注重材料质感与材料组合所产生的感性平衡。并在布局上突出了它们的重要性。另外，为了增强店铺空间的宽敞和纵深，在店铺的中后部另设置了一个独立的空间。此外，由和纸制成的隔离屏风，通过材料质地和照明，使整个空间拥有了一种迷人的“清香”。

作为与精炼而平凡朴素的空间相融合的具体手法，不是依照其形状按步就班，就像红灯笼和狐狸这一对固定概念，而是采用了在摩登与艺术性之间进行设计的手法。

外装上作为店标存在的红灯笼、石灰墙上的戏狐图、极其平常的安心感，通过精炼、融洽的形状得以具体表现。所以，这些手法可以说是从另外的角度将现有的事与物，在感性上重新组合，从而创造了一个崭新的割烹居酒屋的形象。

设计者：
(株) ACT 繁田英纪　中尾次成

简历：(株) ACT 代表

协力：
图案美术设计　山城滋

建筑名称：一利木
(ICHIRIKI)

所在地：
大阪府大阪市中央区东心齐桥1丁目18-8 1F
面积：120m²(其中厨房37.5m²)

主要装饰：
屋顶／钢结构石板铺面
外墙／灰浆基层　石灰涂饰
局部透明玻璃
横梁／美国松木300mm×350mm
外部地面／黑色花岗石磨光加工
墙壁／灰浆基层　石灰涂饰
局部油漆涂饰
屏风／透明有机玻璃铁框镶边和纸贴面
顶棚／灰浆基层　石灰涂饰
外部吊灯／铁框和纸贴面
吊灯／和纸贴面
家具　橡木材　表面精细加工

施工单位：T工房

摄影：
Nacása & Parteners inc.

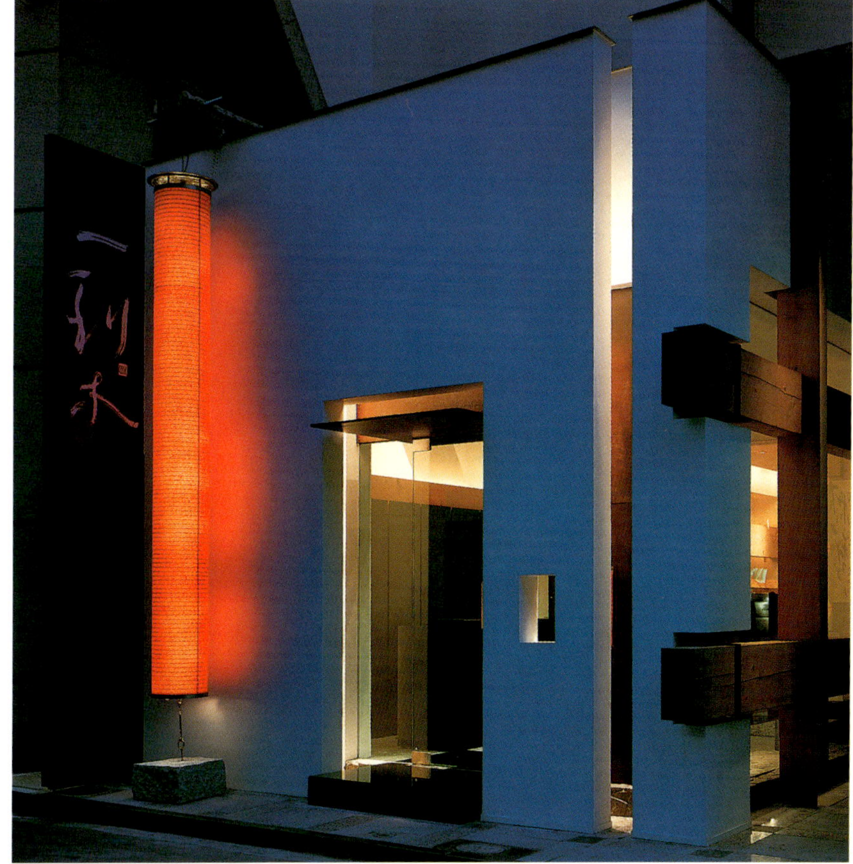

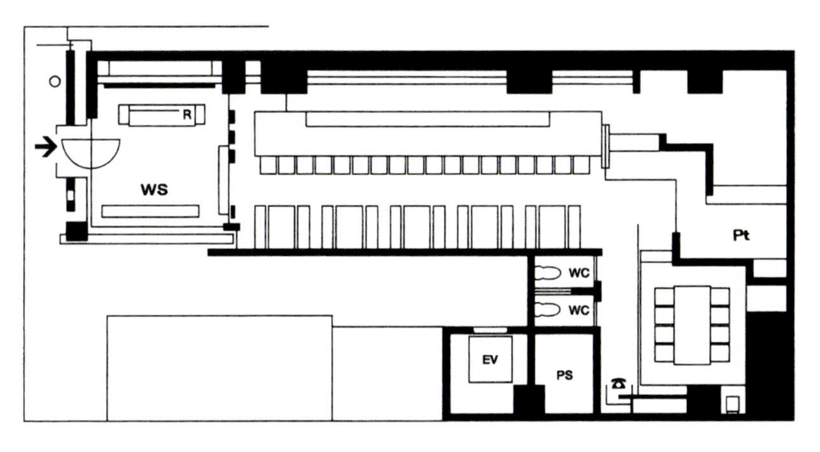
R
WS
Pt
WC
WC
EV
PS

杉本贵志

Takashi Sugimoto

银座由庵（日本料理）

银座由庵的宗旨是为大家提供一个能在轻松愉快的气氛中喝酒畅谈的场所。既能彼此进行沟通、信息交流，又能品尝美味佳肴。整个店铺空间在构成上以“和”为基础，却不是传统的和式风格，而是现代和式的具体表现。所以，材料也选用了自古以来日本人就感到非常亲切的天然素材；石头、木材、土墙……，给人以温和舒适的感觉。特别是木材将几百年前的民居的柱子和横梁加以再利用，并通过日本传统建筑技法把木材所积蓄的几百年的历史完整地展现于顾客的眼前。由于空间呈细长型，为了弥补其单调性，通过吧台，开放式厨房、一般客席、包房等局部与顾客的需要相融合，在一个大空间里构成了各种各样的开放型小空间。而且贯穿全长三十多米空间的间接照明又给空间变化带来了一体感、统一感，细长微缝的聚集则给空间带来了纵深感。另外，开放式厨房的设置，将厨房内的风景尽现于顾客面前。银座由庵在注重开放型空间的表现的同时，又使顾客与店铺、顾客与顾客的交流得以成立，整个店铺就好比是一个大客席。

设计者：
杉本贵志　相原宪太郎

简历：
1945年出生于东京
1973年设立(株)SUPER POTATO

建筑名称：
银座由庵(GINZA YUUAN)

所在地：
东京都中央区银座5丁目7-10 8F

面积：
241m²

主要装饰：
地面／中国产花岗石　旧松木地板材上蜡抛光加工
墙壁／庵治石自然表面加工　土墙式装饰加工　包房／和纸装贴
顶棚／树脂复层加工材料　竹质顶棚
棂格／旧松木材组合
日式拉门／旧松木材组合+和纸
吧台／旧松木材
棚架／旧松木材
全部制作加以上蜡抛光加工

施工单位：
(株)田边建设
(株)滝新

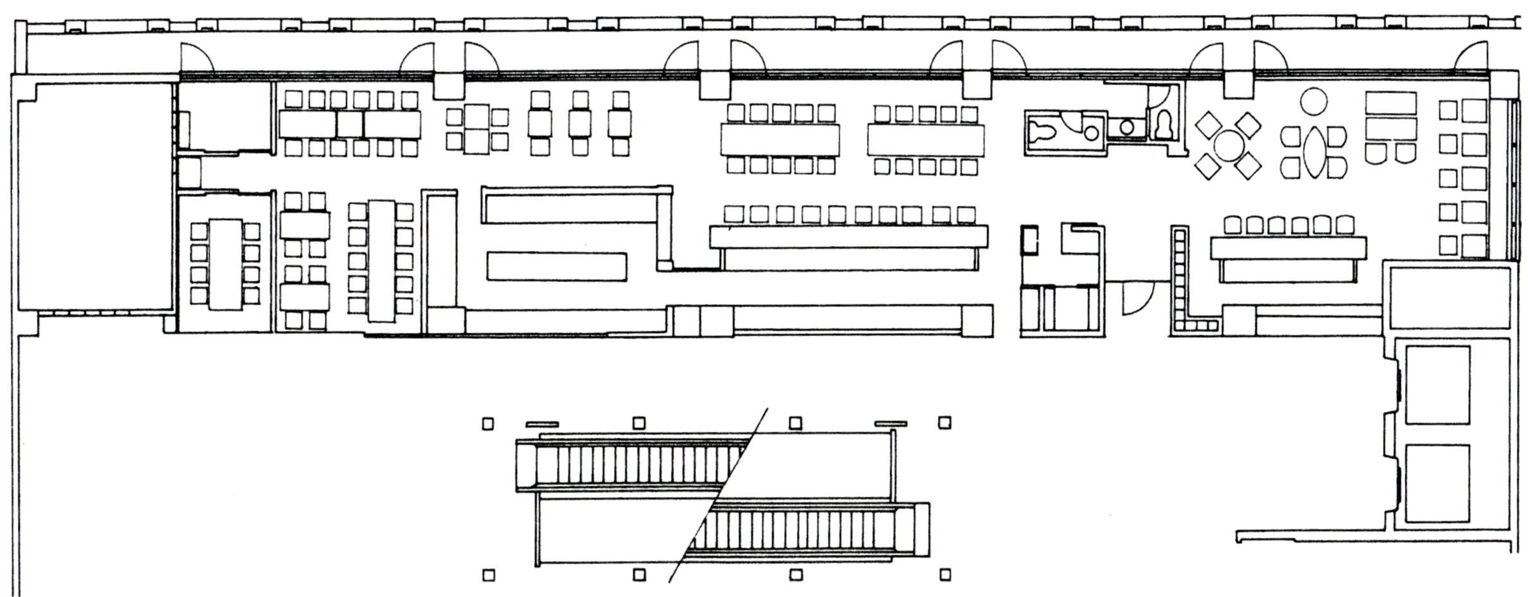

杉本贵志

Takashi Sugimoto

设计者：
(株)SUPER POTATO
杉本贵志　村松功胜　岸田まや

简历：
1945年出生于东京
1973年设立(株)　SUPER POTATO

建筑名称：
二期(NIKI)

所在地：
东京都港区六本木4-11-4 1F

建筑面积：
261m²(其中厨房62m²)

主要装饰：
外墙／磨光花岗石
招牌／黑色不锈钢
地面／磨光花岗石　着色榛木地板贴面
墙壁／磨光花岗石　钢骨架基层黑皮铁板贴面局部染色旧铜板贴面
顶棚／透明骨架　树脂复层喷涂

施工单位：
(株)综合DESIGN

二期（无国籍餐厅）

在许多餐厅都能听到如此叙述："安全、新鲜、严格挑选、产地直送的鱼类、贝类食品和有机栽培蔬菜的使用，厨师能充满自信地向顾客推荐自己的拿手菜"。而"二期"则是从材料的准备、菜肴的装盘，到最后的餐具清洗，都展露于顾客的眼前，以证明自己的言行一致。因此，在一楼设置了大厨房，用玻璃加以隔离，不光是前来的顾客，也让所有经过店前的行人能欣赏到厨房内的风景。一直被注目的厨房，必然保持清洁，而对于顾客来说既能安心地品尝菜肴，又能欣赏到厨师的烹饪，实为一举两得。

另外，对空间构成材料进行了严格的筛选。位于地下的客席，原为停车场，顶棚高5m。在装饰上，局部残留了一些原有的无装饰混凝土，并通过铁板、旧材料微妙地改变了空间的表情，包容了所有的一切，创造出一个清馨、舒适的环境，将超越材料本身的"香味"尽显眼前。因而，暧昧的形态得到彻底排除，灯光与黑暗赋予空间更加浓厚的味道。同时艺术表现也被材料化，作为创造清馨、舒适环境的一个重要因素被融汇于空间之中。

每次使用楼梯，都会有不同的变化。酒吧、开放式厨房前的大厅、小幅上升客席，这些空间共存于地下的同时，又保持了非常适当的距离。所以，整个店铺就像一幢隐居，远离了六本木地区的杂乱，只有在这儿才会有宁静、幽雅的时光存在。

辻村久信

Hisanobu Tsujimura

茶茶（日本料理）

“茶茶”是以经营和式料理为主的餐厅式酒吧。相对来说整个店铺比较适合年轻一代。整个设计在不知不觉中为顾客提供了新鲜的素材和在日常生活中所继承的传统日本料理。“茶茶”位于一幢旧式出租大楼的二层，面积约为198m²。由于原来的空间构成较复杂，所以设计时尽量保存了原样，顶棚和地面的高低交错将通路狭窄的不利之处转化成有利因素，就像日本古来的武士道一样“以其人之道，还制以其人之身”。通过客座A、B和吧台、茶室、接待室这五个构成空间，注意观察客人不同时刻的情绪，灵活地改变了待客方式。

全部空间使用轻松的色彩和新颖的材料，荡漾着柔和的光线，构成了一个清馨、朴素，能在无形中受到款待的和式空间。

设计者:辻村久信

简历:
辻村久信设计事务所　主宰
家具专卖店、SHOW ROOM moon balance经营
建筑名称：茶茶(CHACHA)
所在地：广岛县广岛市中区本通2丁目19 2F
建筑面积：215m²(其中厨房面积15m²)

主要装饰:
地面　入口／灰浆粉刷加工基层3mm厚铝板铺面棋盘状金属板铺面防蚀加工(1000mm × 1000mm)
客座／灰浆基层4mm厚油漆着色加工板材铺面磨光处理硬面涂塑半亚光加工
墙壁　入口／6mm厚木质骨架木屑板　装贴单面修边加工墙壁直接上浆处理亚克力光漆涂饰
客席／12.5mm厚轻钢骨架石膏板基层上等细麻布上浆处理亚克力光漆涂饰
发光壁／5mm厚透明丙烯玻璃和纸装贴(照明内藏)
顶棚／12.5mm掺轻铁石膏板底基上等细麻布上浆处理亚克力漆涂饰
家具／桌面／40mm无垢枫木材上蜡加工
发光壁／40W球状霓虹灯

施工者：Koumoto 建设

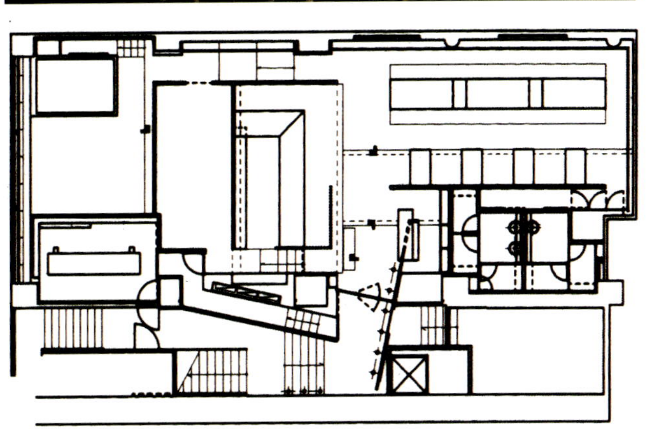

鸟居佳则

Yoshinori Torii

喜村庭（牛排西餐厅）

喜村庭位于高层林立的写字楼密集地区，是一家和洋结合，以提供炭火烧烤牛排为主的牛肉点心料理店。

应该说找不出第二个国家能像日本这样把和式和洋式混合重叠成如此之高境界。因此日本人在这种环境中生活，创造了一种“非和非洋”的生活方式。设计中，业主提出了“店内的空间应为拥有庭园的和洋折衷空间”的要求，所以通过整理“和”和“洋”的关系，尝试着构筑一个现代风格的空间。另外，设计的主题是把有新意的创作作为“和洋重心”，并将从“洋”到“和”，从“和”到“洋”的空间变形方式进行具体化表现。

外观为洋式，使用西洋古砖，建筑物由此而拥有一种重厚感。15m长的引导路铺设意大利产粘土式地砖，最后部的屏风墙采用2500个越南砖层叠而成。当接近入口时，首先映入眼帘的是垂吊在顶棚上的白竹，由此达到“从西洋到东洋”的过渡目的。在入口处还配置了炭色的立柱用以衬托料理店的料理——炭火烧烤牛排。店内所设置的庭园注重了视觉上的重要性，并起到了向“和风心髓”引导的目的。顶棚的装饰采用圆孤状的细竹签，并加以照明，在“和”的新鲜感的表现上留下了较深的印象。由此通过从“洋”向“和”引导，使进餐的客人能非常舒适地从距离和空间上感受到近年来已被日本人所淡忘的“和之精神”。

设计者：
鸟居佳则

简历：
鸟居设计事务所主持
获JCD设计大奖2000鼓励奖
获NASHOP LIGHTING AWARD'S' 98优秀奖

建筑名称：
喜村庭
(Steak House Kimuratei)

所在地：
爱知县名古屋市中区上前津2-3-2 1F

建筑面积：
80.35m²(其中厨房15.52m²)

主要装饰：
外墙／古砖贴面
地面 引导路／粘土式地砖铺设
店内／染色地板铺设
墙壁／着色灰浆木抹子涂抹加工
立柱／水泥人造石贴面
顶棚／12mm石膏板亚克力漆装涂、细竹签装贴

施工单位：
SESAJAPAN 广田晓

美术设计：
BOX 石田秀雄

照明设计：
松下电工 田端洋

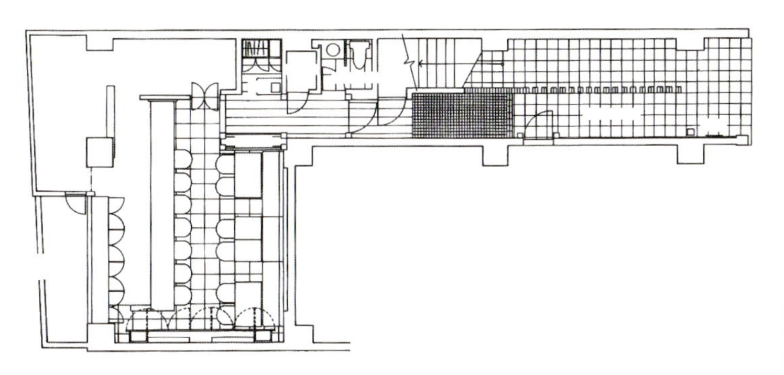

西胁一郎

Ichiro Nishiwaki

清平（日本烧烤料理）

本设计是将出售用住宅建筑改建成商业建筑、因为地处住宅区内，周围的环境、昼间建筑物的雅致问题都是设计的重点。营业时间从傍晚开始到夜间室内的灯光闪射四方，从远方就可以辨别出，同时也起到引导的功能，外部大型茶单给客人安心感和华丽感。内部二层。一层为椅子客席，由吧台和桌席构成，窗台外设有小园林，增强了临场感。吧台上方数盏R型吊灯下、象征型的小空间得以形成。二层为日本式座席，从少人数到大团体都能适应的空间、地面染成暗紫红色，使通常质朴的空间产生华丽感，同样茶单也染成它色，像彩色光环一样，增添欢乐气氛。入口处贴和纸，由普通的素材完成的空间、造型、R型的壁面，引出了许多亲切感和柔和感。

设计者：
西胁一郎

简历：
(有)西胁一郎设计事务所代表者
(有)N PLUNING 代表专门学校桑泽设计研究所讲师

建筑名称：
清平(KIYOHEI)

所在地：
千叶县浦安市堀江5−17−1

建筑面积：
77.2m²(1层38.6m², 2层38.6m²)

主要装饰：
顶棚／毛糙塑料墙纸贴面
墙壁／毛糙塑料墙纸贴面
和纸风塑料墙纸贴面
地面／塑料瓷砖上色木质地板

施工：
SENECA PRIMS

刺身
鉄板焼
もんじゃ焼
清平
清平

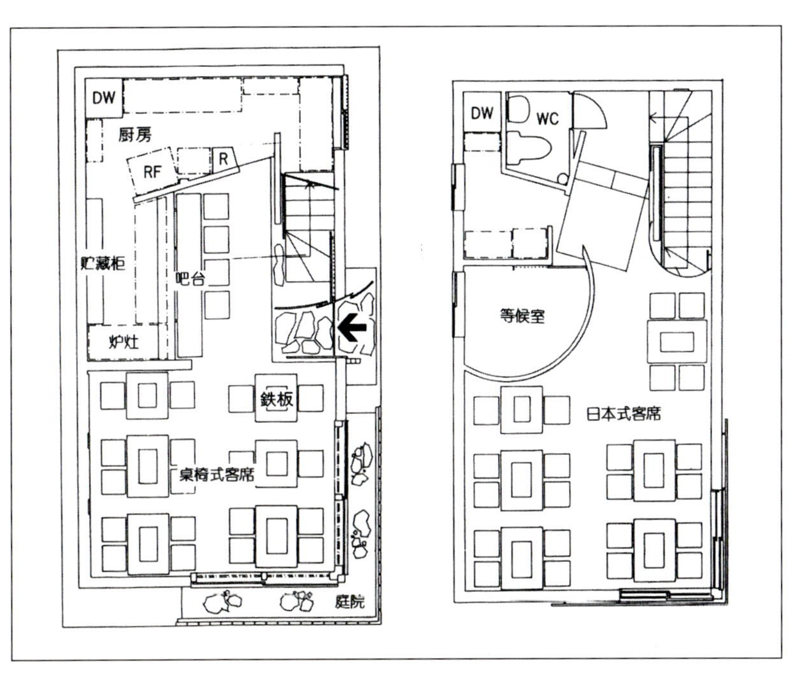

DW
厨房
RF
R
贮藏柜
吧台
炉灶
鉄板
桌椅式客席
庭院
DW
WC
等候室
日本式客席

桥本夕纪夫

Yukio Hashimoto

军鸡匠（日本鸡肉料理）

西麻布的交叉点开始向青山方向的道路的左手，能看见装饰成竹堆样的外装，走进向地下延伸的狭窄的楼梯，推开门扇时，顺着竹墙的正对面是细长的露地。经过露地，广阔的土间将客人引入，土间的内部是抬高的日本式座席，墙的内部还有隐藏的房间，以上的文章就像实况转播一样，有时在设计时，是无意识的，自己就像漫步在图面或模型之中的感觉，欢欣雀跃的配置设计成功时，更是这样。这次不可分割的大空间的日本式坐席成为设计的中心。引入部分更为重要，具有强烈期待感的引道，没有过剩的演出，在不知不觉中将自然的露地感留在人们的心里。两侧的土墙的表情、竹的安稳等，避开了装饰性的细节，产生手工加工的痕迹，残留下质感。在客席的土间和日本式坐席之间，以槌叶木的桌席作为过渡，家具也是一样，尽可能不留下制品的感觉，槌叶木的材板也只是偶然被当作桌席。使用的材料木和石等的加工，竭力不留下人工的痕迹，保持自然的状态。客人能看到适当的场所并坐下，坐席的功能从这里开始，从某种意义上说，人制造的出的“场所”也可以称为空间。

设计者：
桥本夕纪夫

简历：
女子美术短期大学非常勤讲师
1997年有限会社桥本夕纪夫DESIGN STUDIO设立，同年获Nashop Lighting Contest 优秀奖
1998年获得JCD鼓励奖

建筑名称：
军鸡匠(SHAMOSHO)

所在地：
东京都港区西麻布2丁目13-15 B1F

建筑面积：
131m²

主要装饰：
顶棚／骨架亚克力光漆涂饰
墙壁／木板条下底 硅藻胶泥铺设 花岗石装贴自然外表加工
地面／着色灰浆下底 硅藻胶泥铺设

施工：
TOMIZAWA

軍鶏匠
軍鶏匠

桥本夕纪夫

Yukio Hashimoto

橙家（日本料理）

橙家是以和风为主的设计。对于“漠然”和“和风”有各种各样的理解方法，在设计和风空间时，并不是固执地保持传统的样式，而是将和风的精华融合在现代的设计手法中，和风中所表现的“冷清”、“幽雅”是日本“枯”的美学的代表，橙家是将和风中另一种潜在的美“艳”作为空间设计的主体。

日本的空间内，非常具有临时性的空间是蚊帐，蚊帐是防止蚊虫的覆盖物，越过薄而透的蚊帐进入另一个世界，是一个剪不断的暧昧空间，这种暧昧中具有美和艳的感觉，就像日常生活的电影中，映现出蚊帐的场面，酝酿出一种说不清的情感。橙家的设计中心就是用蚊帐式的隔断将空间分割，各种各样的场面越过蚊帐式的屏风忽隐忽显。座席、桌席、吧台处均设置了屏风。用屏风分割成的半个室2人客席也是一种新尝试。设计上还有一个中心就是“现代的选择”在决定空间构成的素材上，就像在计算机上做的各种各样的取样调查，好像不恰当的素材有机地结合在一起。传送带式的静止照片取代了蚊帐，英国产的织物贴在或涂在墙上，在这之中，从伦敦的tomato定制的数字式的wall绘画是另一个中心要素，不可思议的现代和和风的空间融和在一起，就像现代的挂轴一样。

设计者：
桥本夕纪夫

简历：
女子美术短期大学非常勤讲师
1997年设立有限会社桥本夕纪夫DESIGN STUDIO，同年获Nashop Lighting Contest 优秀奖
1998年获得JCD鼓励奖

建筑名称：
橙家(DAIDAIYA)

所在地：
东京都新宿区新宿3丁目37–12 3F

建筑面积：
626.77m²

主要装饰：
顶棚／轻钢组合不锈钢条嵌板安装局部骨架涂装处理
墙壁／轻钢组合石膏板底基硅藻土苇子埋入贴和纸局部贴织物
地面／下地盐

施工：
(株)乃村工艺社

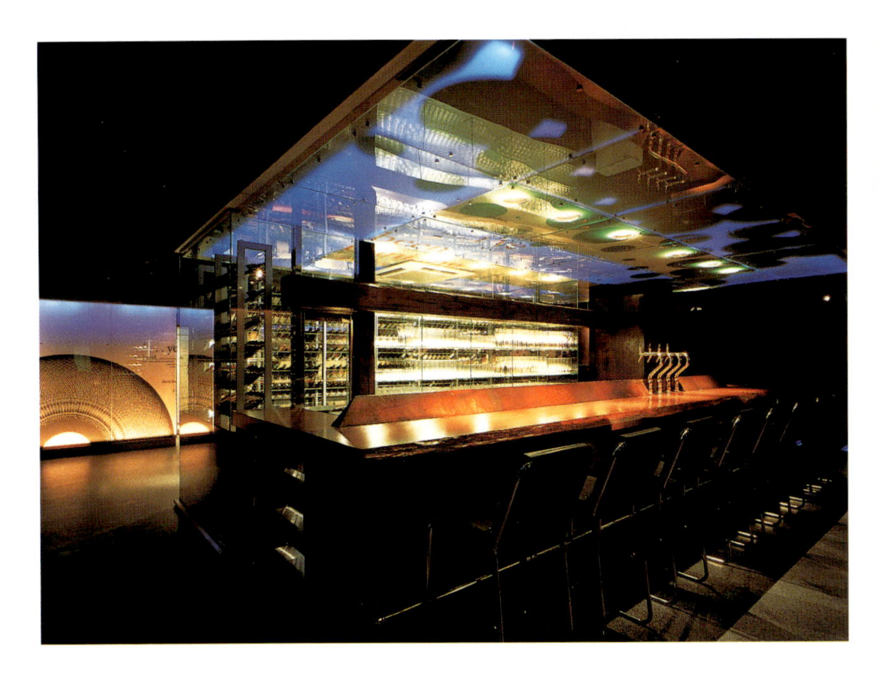

坂野幸雄

Yukio Banno

先斗町（豆腐料理）

京都的先斗町至今仍残留着古京都的风情，是有名的观光点之一。

将现存的町屋(京都传统民居)加以改建，一楼面向小巷的部分为豆腐销售店，二楼是豆腐料理店。

与小巷相交并向西延伸的胡同，黑暗中闪烁着微光的门帘，放射出诱人的气息。顾客怀着愉快而紧张的感觉，向着深处一步一步地走去。最后，走上二楼脱去鞋子进入店内。实际上，胡同里的移动路线完全起到了引导的作用。

以和纸为中心的构成空间，反射着强烈红色的西洋红木，两者共同创造了一种统一的柔和色调，自然的心境得到了缓和。和纸由细竹和花萼通过手工抄制而成，当光透过时展现出丰富的表情。将此和纸无规则地重叠装贴在透明有机玻璃板上并使之独立，绷紧的竹片垂足于顶棚，光的各种各样的风情得到了表现。

来过先斗町的人将又会发现一家隐藏于胡同尽头的小店铺。

设计者：
BANDI 坂野幸雄

简历：
1962年出生于名古屋市
1994年设立BANDI

建筑名称：
先斗町(PONTO-CHO)

所在地：
京都府京都市中京区先斗町
三条下材木町188-7

建筑面积：
52.80m²

主要装饰：
地面／红木地板 表面加工
墙壁／细竹、花萼手工抄制和纸贴面
壁脚板／陶瓷锦砖贴面
顶棚／墙纸贴面 局部已存横梁乳胶状合成树脂涂饰
方形纸罩座灯／细竹、花萼手工抄制和纸分割装贴局部乳白色有机玻璃基层
家具／红木 表面加工

施工单位：
起广设计

摄影：
Nacása & Partners inc.

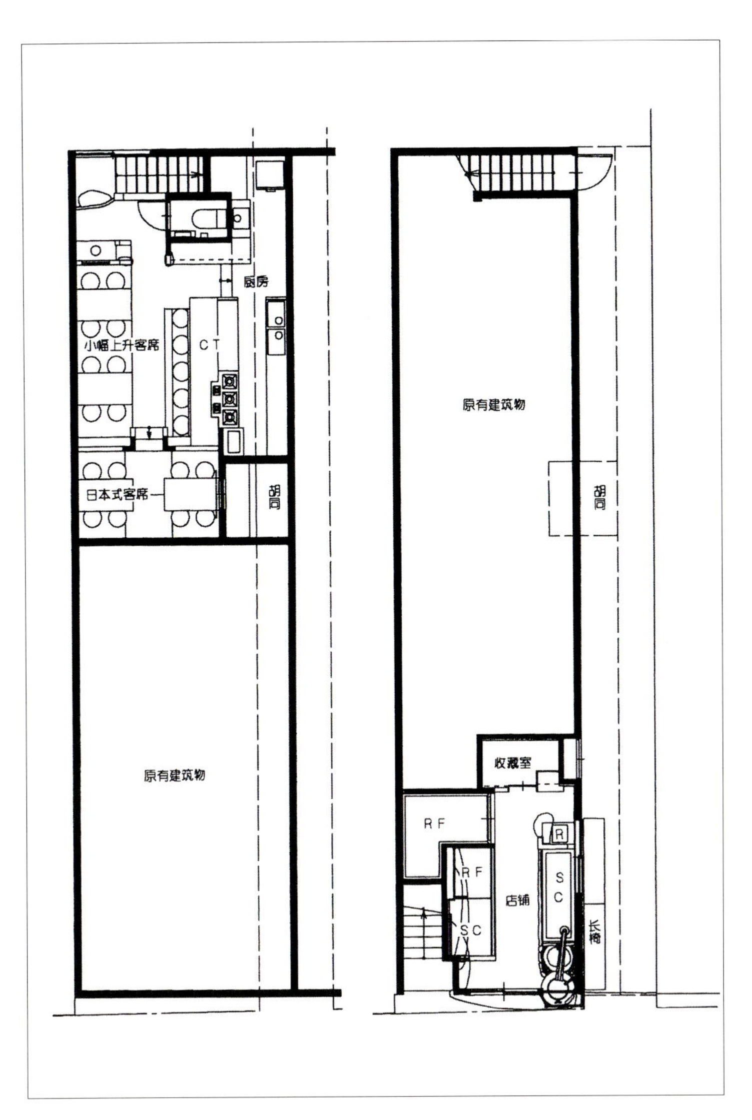

厨房
小幅上升客席
CT
日本式客席
胡同
原有建筑物
原有建筑物
收藏室
RF
RF
店铺
SC
SC
胡同
长椅

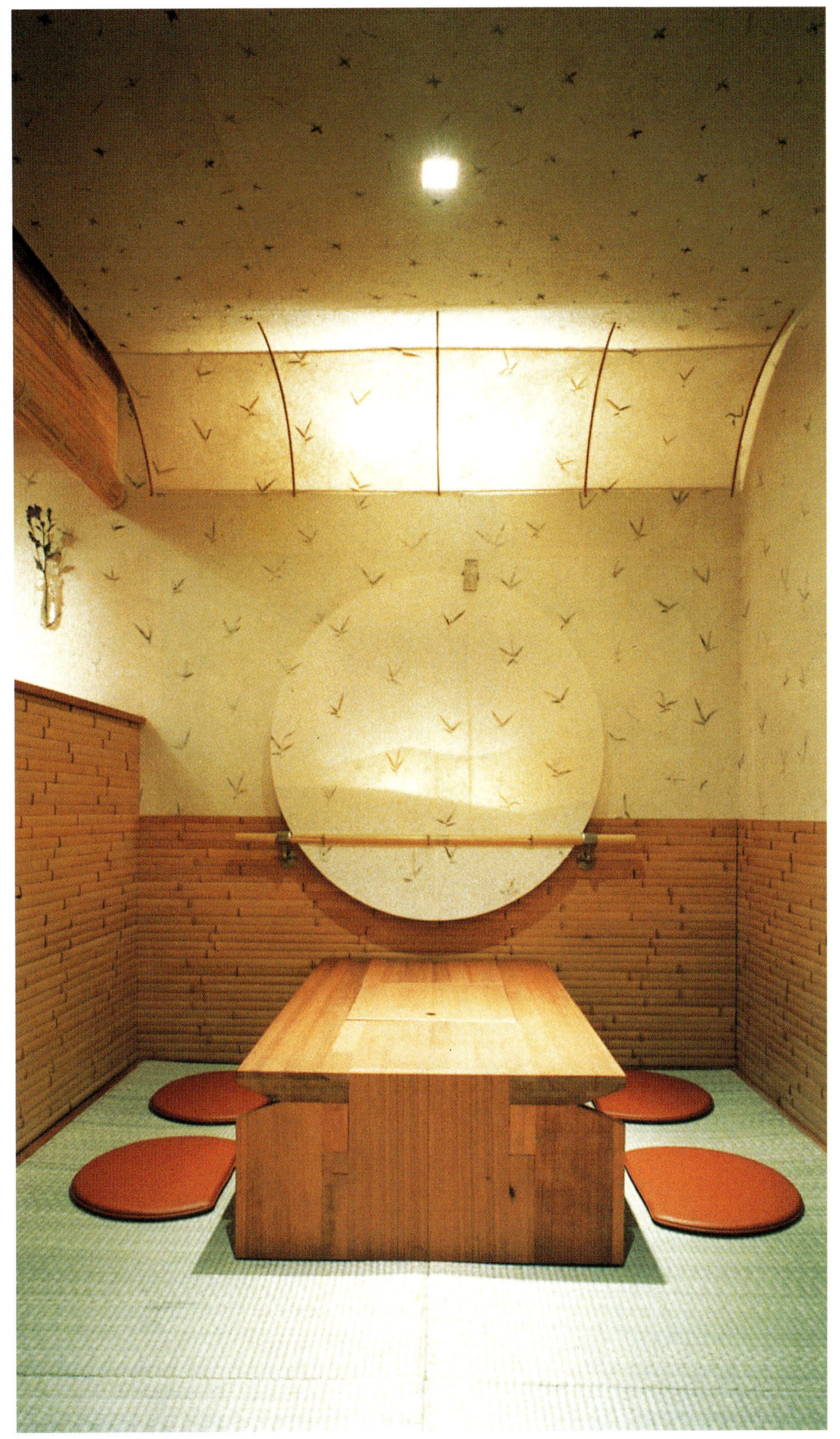

平田裕二

Yuji Hirata

SOHO'S WEST（意大利餐厅）

在此店的空间内没有一件现成用品，即使一只烟灰缸也都是具有独特性设计的制品。可是，对于独特性的设计来说是非常花时间和费用的。参与设计的人数是重要的，更重要的是设计者的"心"，这是对于顾客来说，能够在这里度过轻松愉快的好时光不可缺少的一部分。另外，为了促使社会的高速发展，生产了又快又便宜的工业化制品，可是这些制品不知葬送了多少长期历史建筑起来的文化，并且也不知破坏了多少环境。为了不重复过去，设计者以以下两点为设计的中心：1.商店建筑作为一种文化，其文化品位应得以长生(就如中世纪歌剧院，一开始就有生存力，永远是文化)；2.即使完全消亡时(商店倒闭)，一个一个的设计制品反而可以发现出作为古代文化的价值，可以使之再生。

设计者：
平田裕二

简历：
乃村工艺社商环境事业部设计部

建筑名称：
SOHO'S WEST

所在地：
东京都世谷区中町5-25-9 2F

建筑面积：
332.1m²

主要装饰：
顶棚/轻钢结构 彩画造型 防锈油漆
墙壁/白灰浆基层造型 防锈油漆
地面/白灰浆基层造型 400mm×400mm方形瓷砖+描画+涂装

施工：
(株)乃村工艺社

藤本哲哉

Tetsuya Fujimoto

小樽海鲜省（亚洲风格餐厅）

小樽的运河边，大正、昭和时期建造的仓库形成了一幅历史景观。这次进行重新装修的大同仓库3号是小樽市指定历史建筑物，属于砖木结构。整个店铺的设计主题是：给具有小樽的历史和文化象征的运河边仓库引进东南亚的丰富文化，从而创造出新的文化，形成小樽的“迎宾馆”。

外装基本保持原样，运河一侧和道路一侧局部已老朽的砖墙和一部分木骨架被新品取代。内部空间构成上，二楼设置了大型共享空间，并在一层中央水池添置了舞台，构造上采用了四周夹击横梁结构。舞台后部为通往二楼的楼梯和连接舞台的拱形通道，全部用砖块砌成。凤尾草和兰花之间的人工小瀑布，给人以温馨的感受。

设计者：
藤本哲哉

简历：
出生于东京都
(株)北海道地域计画建筑研究所代表

建筑名称：
小樽海鲜省
(OTARU KAISENSHO)

所在地：
北海道小樽市港町15-4

面积：
1186.778m²

结构：
砖木结构(二层)

施工单位：
阿部建设株式会社

摄影：
高崎写真工房

倉庫
大同

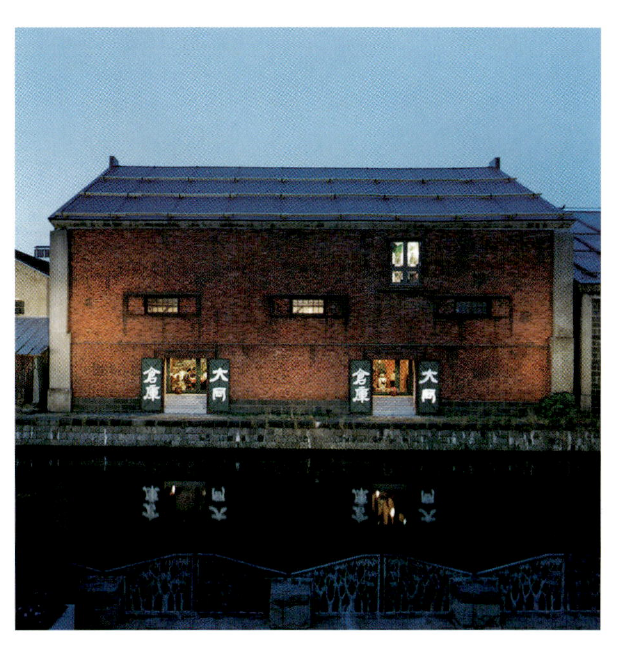
倉庫
大同
倉庫
大同

间宫吉彦

Yoshihiko Mamiya

YUEN FENG （中式餐厅）

1998年设计者来到了阔别四年之久的伦敦，都市的角角落落充满了活力，经历的乐趣与以前有着天壤之别。政治的安定，经济的沸腾，展现出整个英国的实情。店内，人来人往。咖啡屋、餐厅、商场的开张接二连三，齐全的新商品、新颖的设计，给优秀的设计者提供了绝好的自我表现的空间。不断变化的商店设计是整个国家的表情所在。充满朝气的伦敦，再加上当今的流行，不知不觉中流露出新鲜的亚洲之风。

几个月后，开始了YUEN FENG的设计。让顾客能轻松愉快地品尝广东料理，将烹饪师的喜悦之情转化为顾客的喜悦，店主的心愿通过具体的形状得到表现。设置于店中央的开放式厨房，使顾客充分体会到烹饪的活跃气氛。

足以自夸的原材料，能选择喜好的烹饪法，是YUEN FENG的又一特点。藤质的垂饰、屏风、被绿竹包围的店内空间，流露出浓厚的亚洲气息。

设计者：
(株)INFIX 间宫吉彦 武本将志

简历：
(株)INFIX 代表

协力：
照明/MAXRAY・LISPEL
伊藤 贤二
家具/E & Y

建筑名称：
YUEN FENG

所在地：
大阪府大阪市中央区心齐桥筋1-4-14 BIF

面积：
121.4m²(其中厨房29.7m²)

主要装饰：
地面/灰浆基层 意大利TERAZZO人造石铺面
墙壁/轻钢结构石膏板基层乳胶状合成树脂涂饰
藤条贴面拱形木片固定 瓷砖铺面
立柱/轻钢结构石膏板基层皮面装饰
顶棚/轻钢结构石膏板基层乳胶状合成树脂涂饰
照明器具/藤条垂饰

施工单位：
KIKUSUI

the kitchen of fire delights the plate, eyes and ears yuen feng

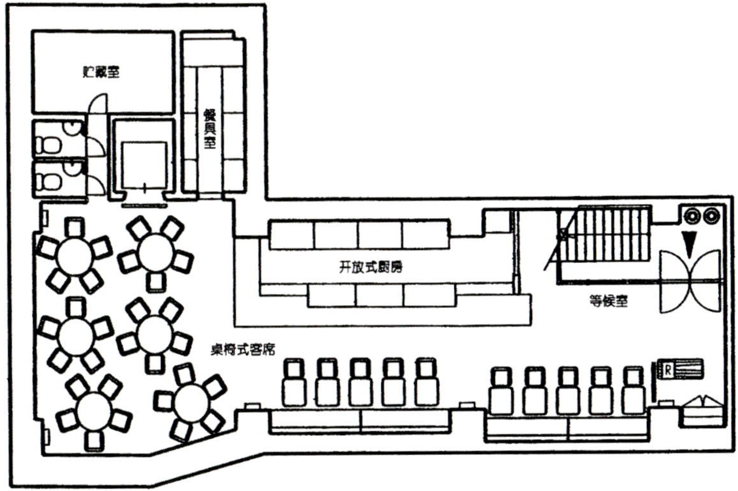
贮藏室
餐具室
开放式厨房
等候室
桌椅式客席
R

道下浩树

Hiroki Michishita

匿（日本料理）

在神户元町站前混杂的环境中，“匿”以独具一格的高贵风格存在其中。由于整幢建筑建于昭和三十年，“在保持其旧式西洋风格躯体的同时，更突出和式风味”就成了整个设计的主题。所以，在设计上尽量保持原样，追求自然、清新，注意色、形、比例，白色墙壁与顶棚突出木材的质感，通过下沉式客席与女竹屏风来表现“和”的精髓。另外再加上礼法、感受、料理，使真正的“和”得到成立。

设计者：
道下浩树

简历：
道下浩树设计事务所　主宰

建筑名称：
匿(TOKU)

所在地：
兵库县神户市中央区北长狭通4丁目2-17 1F

建筑面积：
130m²(其中厨房40m²)

主要装饰：
外装／钢结构薄钢板基层
灰浆石灰薄层涂饰板材装贴
外部地面／铁平石铺设
地面／美国铁杉木上光处理
墙壁／12.5mm石膏板基层
局部亚克力光漆涂饰
顶棚／原有躯体亚克力光漆涂饰
柜台周围／非洲柚木化装合成单板　木材专用油性涂料涂饰

施工单位：
HOM CORPORATION

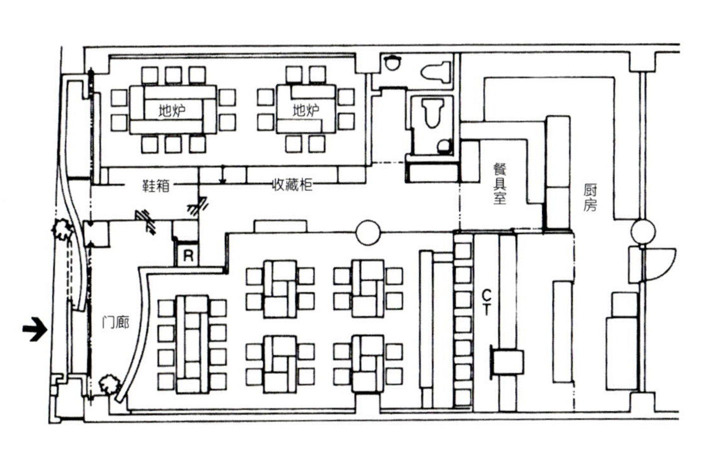
地炉
地炉
鞋箱
收藏柜
餐具室
厨房
R
CT
门廊

道下浩树

Hiroki Michishita

波势（日本料理）

啊……令人眷恋的香味……

火盆里生着火。因为好冷……

神户，北野町日本料理波势，高贵、优雅的和式风格表现。这就是现代潮流与偶然的结合。“日本”作为设计的主题，使“波势”的存在，好像在很久以前就已被决定。

人与人的相会、设计的意义、人与人的关系、感觉……

设计是为了什么?接二连三的难题。偶然发生的事。

艺术、美术、自身的独创性、到底什么最重要?而最好的则是不拘泥于任何东西，在普通、自然之中达到一切目的。寂寞的心情和和式材料的结合，创造了新的空间。从胡同到大道，石盆、纸灯、地炉、壁龛、椽木、三合土、书、画、礼法……所有东西的结合，产生了和善与舒适。继承传统、保护传统、感谢传统。向天然、自然转移的“现代和式”，这绝对不是纯和式风格，而是在培育和精选之中创造一个温暖而宁静的和睦空间。

设计者：
道下浩树

简历：
道下浩树设计事务所 主宰

建筑名称：
波势(HAZE)

所在地：
兵库县神户市中央区北野町3丁目 1F

面积：
155m²(其中厨房42.6m²)

主要装饰：
地面 入口处/碎石无机组合
柜台客席/三合土
包房/无边榻榻米
包房前走廊/掺墨灰浆 鹅卵石半露贴面
踢脚板/掺墨灰浆
墙壁 入口处/12.5mm厚石膏板基层 乳状涂料薄层涂饰
包房/和纸包房前走廊/美国松木
顶棚/水泥板亚克力光漆涂饰
照明：圆周式吊灯
家具/橡木单板 精制橡木材

施工单位：
DESIGN SPACE GARO

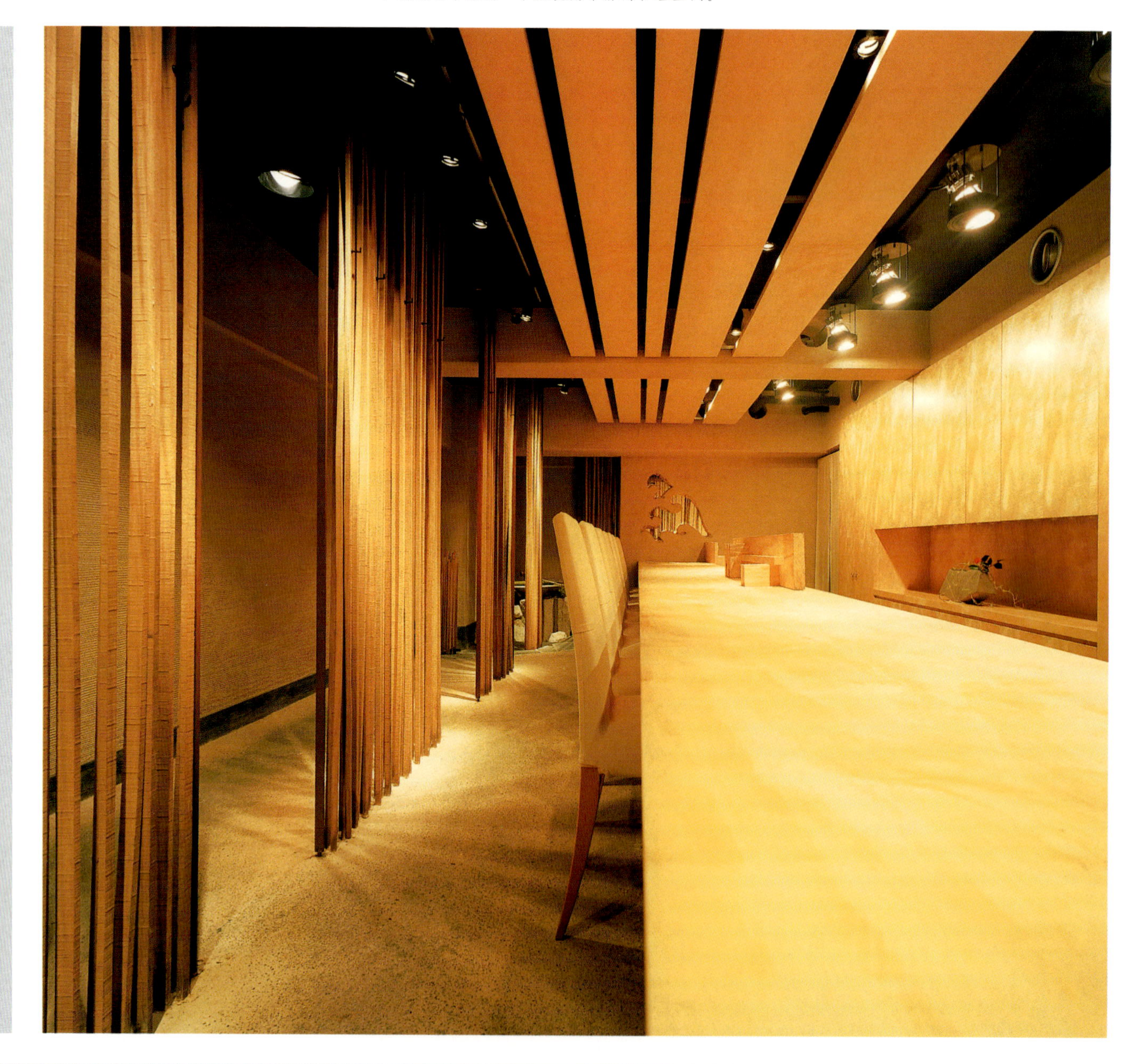

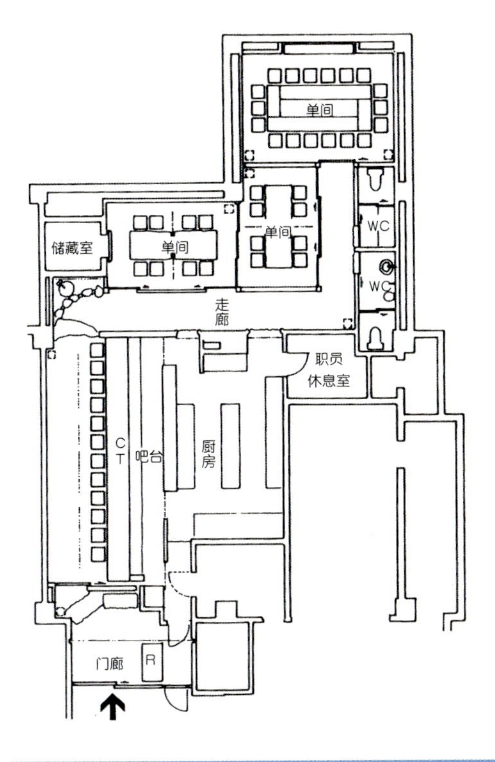
单间
储藏室
单间
单间
WC
WC
走廊
职员
休息室
CT
吧台
厨房
门廊
R

森田恭通

Yasumichi Morita

KEN'S CHANTO DINING（无国籍餐厅）

KEN'S CHANTO DINING 位于 CHANTO 食品服务公司总部的一、二、三层。整个店铺以料理长冈田氏的料理为设计主题。他的料理使用了亚洲的食材，而烹任手法却是法式和意大利式。从西洋看东洋，是将中国样式加以设计、装饰。

一层入口设置了酒吧和贵宾室，材料上选用了精致杉木板材，经过抛光加工，保留了木材特有的年轮，形成了自然的遮光帘，通过背部照明，让顾客沐浴在美艳光雨之中。二楼为寿司酒吧，以鲜明的镜面和不锈钢素材为基础，通过温馨的照明，使顾客感受到不可思议的纵深感。三层以美丽的夕阳为设计形象，异常刺激而又简单质朴。

KEN'S CHANTO DINING 可说是大阪又一处迄今为止没有过的崭新的成年人的游乐场所。

设计者：森田恭通
简历：
1996年 1月 成立森田恭通设计事务所
1995年 9月 获NASHOP EATING CONTEST优秀奖
1996年 2月 获JCD设计奖优秀奖
获'96 NASHOP LIGHTING CONTEST优秀奖
1997年 10月 获JCD 设计奖优秀奖
获'97NASHOP LIGHTING CONTEST 优秀奖
建筑名称：
KEN'SCHANTO DINING
所在地：
大阪府大阪市中央区东心齐桥1-7-28
主要装饰：
屋顶/18mm厚耐火木板基层表面处理亚铝合金板
外墙/钢结构石灰石贴面板材基层合成树脂喷涂
外部地面/灰浆基层石灰石铺面 铜板基层塑料编织地毯铺设
壁脚板/木质基层清漆涂饰
地面/12.5mm厚石膏板基层亚克力光漆涂饰 局部铜镜装贴 精致杉木抛光加工 8mm厚透明玻璃3张组合
顶棚/12.5mm厚石膏板基层亚克力光漆涂饰 6mm厚镜面装贴
摄影：
Nacása & Partners inc.

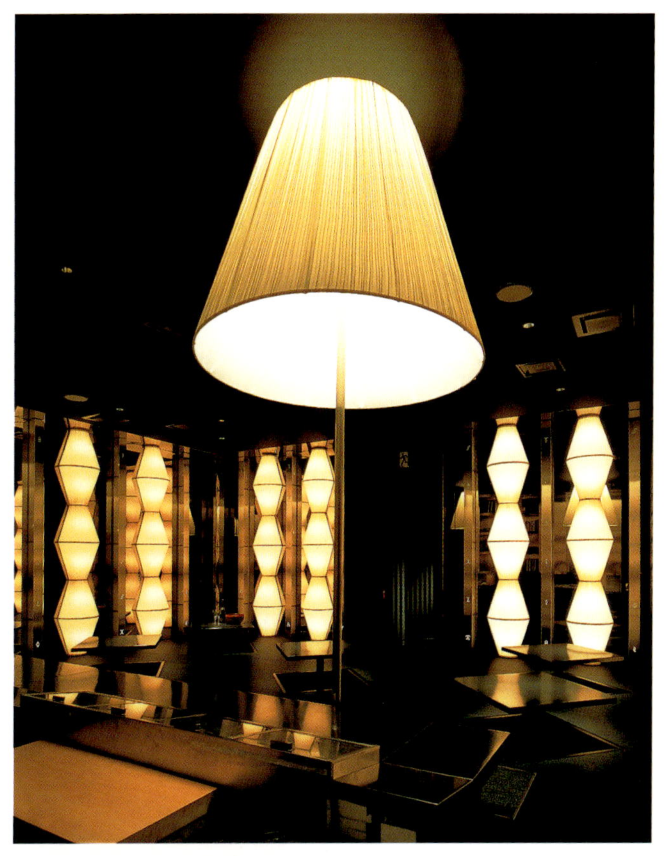

安永孝一

Koichi Yasunaga

Cafe de La Paix（咖啡＋酒吧）

设计出一个真正感觉良好、雅致的空间，并能使客人在这里度过一些好时光是本设计的中心。室内空间高7m，为有效利用这种高度空间，用角柱将肋拱窗隐蔽起来，并使之与顶棚梁连系起来、形成一个构造性的空间，使质朴的空间获得生动的韵律感。由建筑化的照明灯具发出、扩散光的光源，由天花板反射出柔和的光粒子充满整个大厅空间，产生出一个明朗、洗炼气氛的咖啡厅空间。

设计者：
安永孝一

简历：
ILYA 设计部担当部长、设计家

建筑名称：
Cafe de La Paix

所在地：
东京都涉谷区宇田川町15−1 1F

建筑面积：
147m²

主要装饰：
顶棚／石膏板基底　亚克力光漆涂装
墙壁／鸡眼烤花清漆饰面
地面／大理石板图案花饰铺面

施工：
PARCO PROMOTION

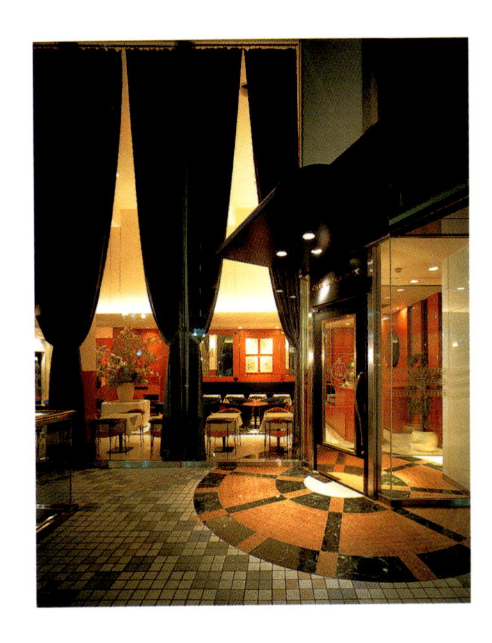

山崎康正

Yasumasa Yamasaki

南家（日本烧烤料理）

新鲜、上等的材料直接在面前烧烤，并提供给顾客。南屋所追求的就是这样的至上服务。

走下狭窄的楼梯，尽头是地下二层。在此条件下，虽包含了许多功能，但通过把空间以一个整体加以表现，使店铺有了意外性和开放感。整个店铺以农家的土地房间为主题，围绕烧烤台及周围的材料台，通过土、石、木、玻璃等大地的恩惠进行大胆的构造和表现，给人以宁静与舒适感，且不受流行的影响，达到追求至上的目的。当炉灶生起，被土墙所包围的空间和顾客的热情融合在一起，形成了一个“大炉灶”。处于中央部分的玻璃柱也不仅仅是摆设和起到间隔作用，最重要的是象征了空间的“烧烤”结晶。但是，主角还是材料、菜肴和顾客，而空间只不过是温暖、柔和地包容这些主角的器具而已。

设计者：
山崎康正

简历：
(株)乃村工艺社商环境事业本部　设计2部 所属

建筑名称：
南家(Nanya)

所在地：
大阪府大阪市中央区东心齐桥1-20-16

建筑面积：
390m²

主要装饰：
地面／蛇纹石铺设
墙壁／树脂材料　土墙型加工
顶棚／铝管垂吊式透明骨架顶棚

南や
炉端料理
南や

横井源

Gen Yokoi

宝塚荞麦植田（荞麦料理）

整个空间以照明设计为中心。试图在顶棚不设置光源的情况下，而以光的“线”与“面”为主题，巧妙地创造出空间的明与暗。以光源隐藏于墙面骨架中的线和照亮和纸背面的面布置为基轴，将幽雅和宁静非常和谐地体现出来，使人感受到一种纵深感。

另外，顶棚的高度被设置在很低的位置，在外观上使用了并不适合于专门商业空间创作的不锈钢框架。为了和框架得以协调，使用中融汇了有力量感之表现的日本传统民间工艺。在室内装潢方面，将骨架、装饰横梁等部分以水平、垂直方向加以调整、分割，给人以紧张感，并将“大和”所特有的神韵融汇于整个空间之中。

设计者：
横井源

简历：
1989.9.1 设立建筑意匠“创乐舍”

建筑名称：宝塚荞麦植田
(Takarazuka Soba Ueda)

所在地：
兵库县宝塚市南口2丁目3-35 1F

建筑面积：
52.14m²

主要装饰：
地面 入口/灰浆打底 水刷上光鹅卵石
客人座席/掺墨灰浆 铁抹子涂抹加工 表面压光
墙面/12mm厚石膏板基层 塑料墙纸装贴
局部不燃板材底基 密胺树脂墙纸装贴
踢脚板/日本铁杉着色油加工
顶棚/12mm厚石膏板基层 塑料墙纸装贴 局部耐火板材基层和纸装贴装饰梁 日本铁杉着色油加工
吧台面/60mm带树皮着色非洲柚木板硬面涂塑加工
桌面/30mm着色非洲柚木木纹合成板 硬面涂塑加工

施工单位：DEVISE

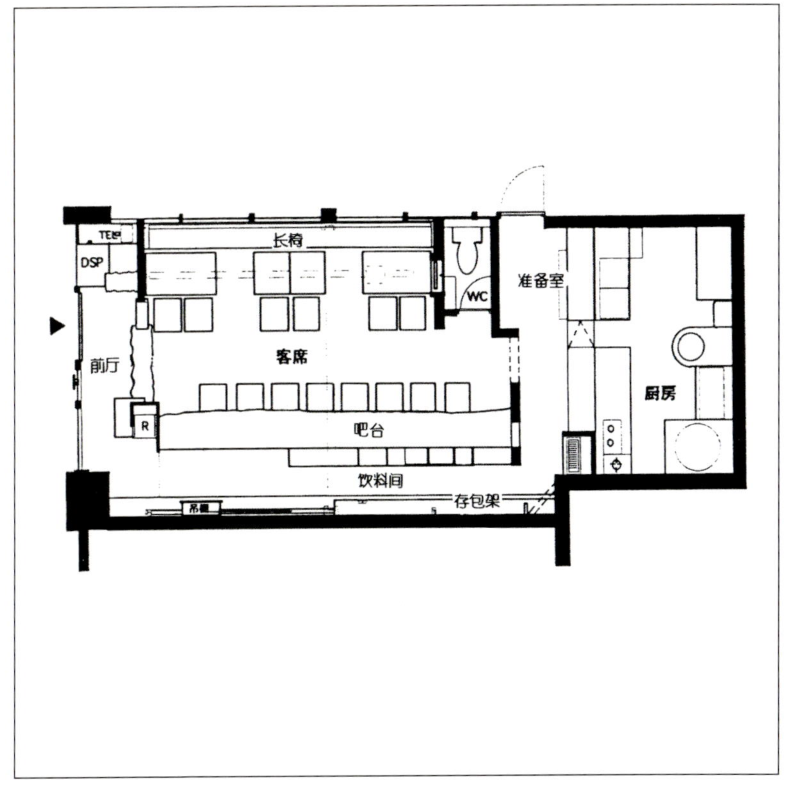
TEL
DSP
長椅
WC
准备室
前厅
客席
R
吧台
厨房
饮料间
存包架

伊坂重春

Shigeharu Isaka

BASEMENT

这是位于筑波学园都市的一家酒吧的第四次改装。从1986年开始为此酒吧进行设计以来，所考虑的不单单是拆掉原来的装饰重新进行加工，而是保存所有的记忆，并增添新的功能与用途。

店内中部的吧台席位和深处的坐席是这次设计的重点所在。为了加强明与暗的对照，将既存的吧台和墙壁加以连接，通过新旧的对比，引发出新的关系。

吧台的材料采用了掺有松烟墨和工业废料的现场加工水磨石。这一回收利用材料的使用，和“残留记忆”之基本概念是相一致的。

深处坐席通过波状地面、光纤和设置于地面的聚光灯的照明，创造了如深海一般的有机空间。坐椅全部采用硬质塑料板。

深处的桌球角设置了竹质蒙古包。硬质塑料板的坐椅、竹质的蒙古包都只是临时的，就像探访这儿的顾客一样，最终走向消失。

设计者：
伊坂重春

简历：
1951年　出生于北海道
1976年　毕业于武藏野美术大学工业设计专业
1983年　和佐藤道子一起设立了伊坂设计工房
1995年　就任武藏野美术大学外聘讲师

建筑名称：BASEMENT

所在地：茨城县筑波市天久保1-6-7

建筑面积：214m²

主要装饰：
地面　吧台坐席／松烟墨砌砖掺粉现场加工水磨石
深处座席／彩色水泥基层放水材铺面
墙壁　吧台座席／松烟墨砌砖掺粉现场加工水磨石
深处座席／彩色水泥基层光纤埋设
顶棚　吧台座席／纯混凝土黑色铁皮垂吊
深处座席／纯混凝土合成板垂吊上油加工

施工单位：
NOBLE HOUSING INAX实验工房

摄影：浅川敏

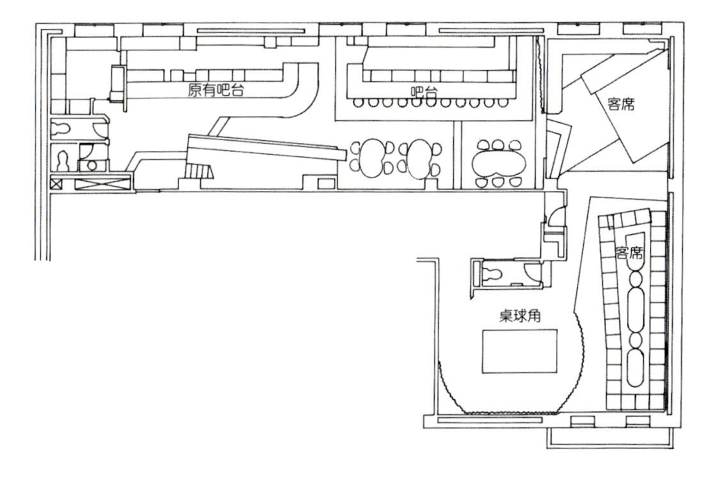
原有吧台
吧台
客席
客席
桌球角

柿谷耕司

Kohji Kakitani

DECADE

在柔和月光的都市地下空间内，优雅、清馨、舒适的环境中从容品酒，这就是本酒吧的设计主旨。整个酒吧没有配置任何特殊的材料，也没有实施任何特别的设计，只是赋予酒吧最小限度的机能。

宁静中之间借照明发出的微光给予小小的空间一丝存在感。

与此同时，安逸与紧张、高扬与宁静、明与暗、墙壁与皮膜等对立概念的并立存在，创造出一个变化的空间。

墙壁与顶棚在光线中浮游、装贴着布料的顶棚发出淡淡的青光，非现实的空间带给来访之酒友们如在蚊帐中沉睡的安逸感，也使客人从紧张的日常生活中得到解脱。

设计者：
柿谷耕司

建筑名称：
DECADE

所在地：东京都港区南青山
5-12-6 BIF

建筑面积：
39.2m² (其中厨房 15.0m²)

主要装饰：
地面／灰浆铁抹子涂抹加工
基层　硬质合成树脂涂饰加工地板
墙壁／轻钢骨架12.5mm厚石膏板基层　上等细麻布上浆处理亚克力光漆涂饰（白色）
FINISH ROLLER 涂饰加工（浅茶色）
顶棚／轻钢骨架12.5mm厚石膏板基层　上等细麻布上浆处理亚克力光漆涂饰（白色）
FINISH ROLLER 涂饰加工（浅茶色）　局部墙布装贴
吧台／南洋木材　硬面涂饰加工

委托人：
株式会社 MINAMI

实施：KONO HOMES

照明设计：
大光电机公司　中前公晴

摄影：
浅川敏

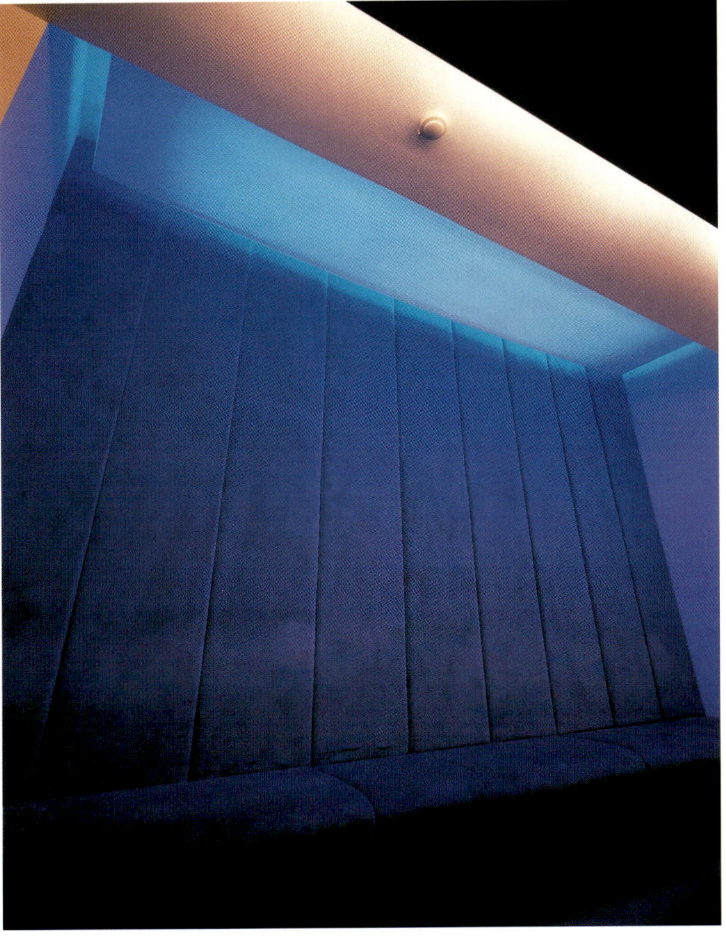

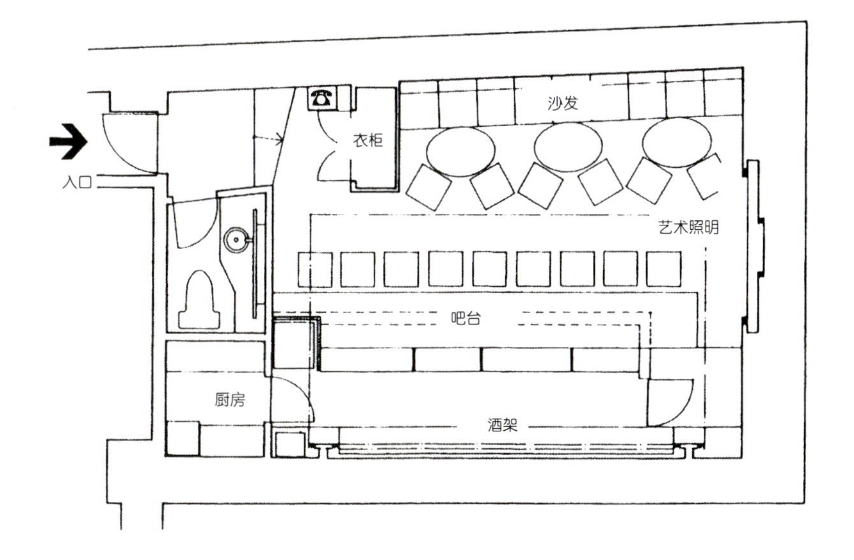
沙发
衣柜
入口
艺术照明
吧台
厨房
酒架

铃木敏彦

Toshihiko Suzuki

HONEYCOMB FACTORY

本建筑空间以用于飞机制造的超轻量、高强度、高刚度的新材料——铝制蜂窝板制家具，来规划、设计兼蜂窝材商品展出的酒吧的室内环境。因此，所有的家具、器物及整个的建筑空间都要求成为一种商品。关键的是“铝合金的温情”到底有多少?目的就是要打破铝合金蜂窝板那种冰冷无情的面孔,而作为室内设计装修的重要材料开拓推广其实用性。全部材料都是由蜂窝板和织棉加工的玻璃板构成。在这种单调的建筑空间内好像加入了晃动的感觉、照明设计使人慢慢进入时间差，反复重复着明暗变化。另外、美术画面设计，由于顾客的视点角度不同和距离变化而产生隐、显现象。在这里强调了反射光线的衬托，使用清漆的招牌和室内设计画，铝合金的中间性的质感直接地反映了对两者的支持。

设计者：
铃木敏彦

协力：
照明设计／丹来人
美术设计／印南比吕志

简历：
东北艺术工科大学生产设计学副教授
TOSHIHIKO SUZUKI ARCHITECT & ASSOCIATES
主宰

建筑名称：
HONEYCOMB FACTORY

所在地：
东京都涉谷区 1-10-12 1F

建筑面积：
87.33m²(其中厨房 19m²)

主要装饰：
顶棚／骨架亚克力光漆涂饰面 局部轻钢龙骨亚克力光漆饰面
墙壁／钢筋混凝土基层亚克力光漆饰面 局部轻钢龙骨 12.5mm厚石膏板亚克力光漆饰面
地面／钢筋混凝土基层 彩色砂浆粉刷

施工：
GAIA.MORISHIN 工业

摄影：
Nacása & Partners inc.

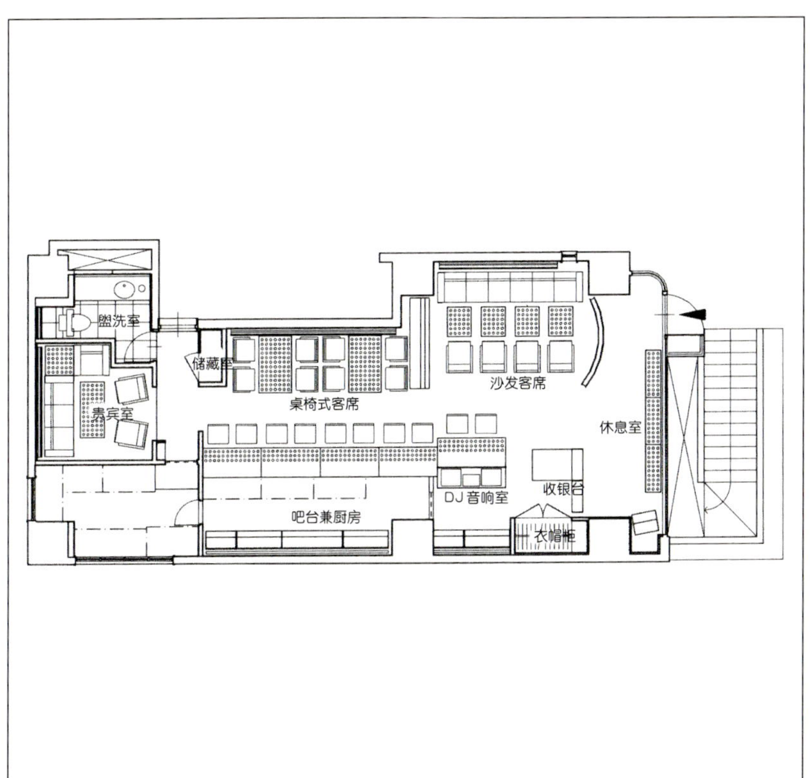
盥洗室
储藏室
桌椅式客席
沙发客席
贵宾室
休息室
吧台兼厨房
DJ 音响室
收银台
衣帽柜

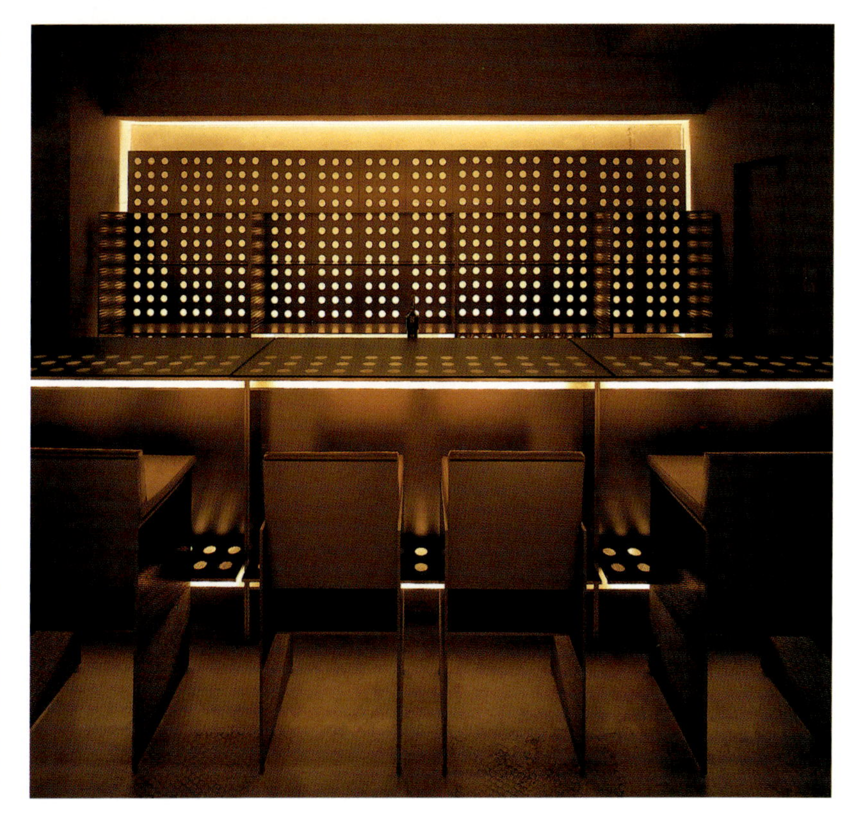

高取邦和

Kunikazu Takatori

松下

店内空间狭小，条件也不算好。虽面向商店街，且位于大楼二层，但陡峭的楼梯却是设计中的一个难题。此等条件能够做怎样的设计呢?望着以前的店铺所残存的器材，内心越来越不安。最终将店铺的不利因素作为空间表现的一部分，删除其他多余条件，只保留最小限度的必要条件，成了这次设计的主题。

首先 ，把楼梯看作是气氛转换的手段，当顾客走完楼梯，来到店门前，此时身处位置的高度已迫使顾客无法拒绝进入店内。推开店门，顾客就如同在黑夜中寻觅光亮的小虫，被直接诱导至客席。在炭火、烟雾、香味中感受到好似贪婪地喝着蜜汁时的本能世界，微微酒醉后，走出店外，又回到充满紧张气氛的楼梯，下楼时由于酒精的作用，使顾客忘记自身所身处的楼梯空间。能使顾客享受如此气氛的地方，不正是酒吧“松下”吗 ？不管怎样，请先上楼梯……

设计者：
高取邦和

简历：
1944年 出生于静冈县
1968年 毕业于东京艺术大学
1970年 共同设立POTATO DESIGN 研究所（后改名为SUPER POTATO)
1996年 设立高取空间计画

建筑名称：
松下（MATSUSHITA)

所在地：
东京都涉谷区惠比寿南2-3-15

面积：
47.11m²（其中厨房3.55m²)

主要装饰：
地面／灰浆基层、水晶玻璃(300mm × 300mm) 铺设
壁脚板／水晶玻璃装贴（高度50mm)
墙壁／12.5mm厚石膏板基层敲打状加工
顶棚／12.5mm厚石膏板基层敲打状加工　局部钢筋混凝土基层亚克力光漆涂饰

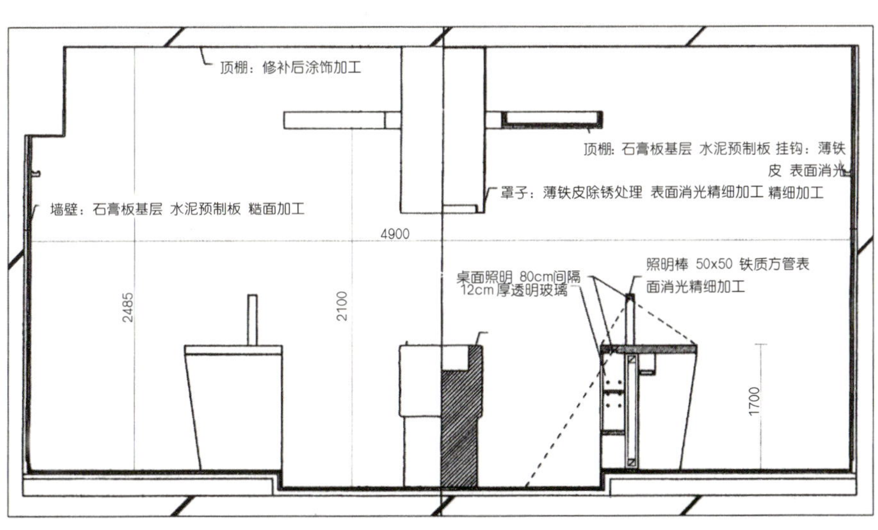
顶棚：修补后涂饰加工
顶棚：石膏板基层 水泥预制板 挂钩：薄铁
皮 表面消光
罩子：薄铁皮除锈处理 表面消光精细加工 精细加工
墙壁：石膏板基层 水泥预制板 糙面加工
4900
桌面照明 80cm间隔
12cm厚透明玻璃
照明棒 50x50 铁质方管表
面消光精细加工
2485
2100
1700

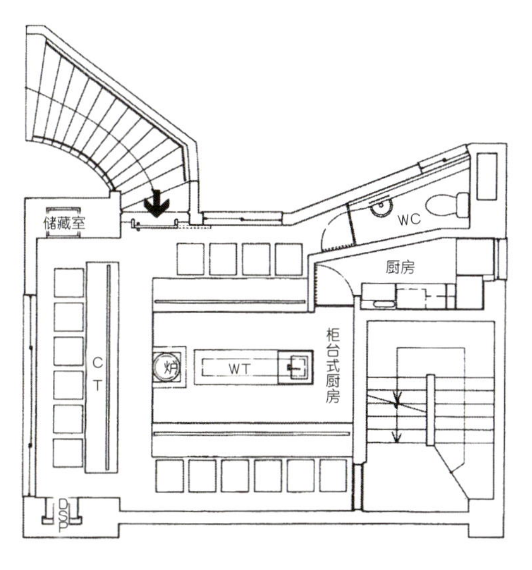
储藏室
WC
厨房
C
T
炉
WT
柜台式厨房

辻村久信

Hisanobu Tsujimura

CLOUD 9

CLOUD 9 是一家咖啡屋兼酒吧，位于车站前一幢出租大楼的一层。虽有容易吸引顾客的优点，但由于受人多嘈杂的影响，入店以后很难得以平静。

并不是说要完全开放，或者是完全和外界断绝关系。而是追求似见非见的感觉，让光能自由通过，也可了解客人的移动情况，却无法观察客人的表情。为了建造这样的外墙，在材料的选择上使用了萤光丙烯玻璃并且两面装贴硬质塑料空心薄膜。另外，这一外墙又是浮现于黑夜中的发光体，自然而然承担起店铺招牌的作用。白天，透过外墙的阳光投下了淡黄色的阴影，使整个空间充满了奇异的气氛。

在店内空间构成上使用了立方体中插入圆柱体的手法，并将柜台坐席和一般坐席作为一个大空间加以考虑。无论是地面、墙壁、顶棚都选用铝板、OSB 等材料，构筑了一个简单的“光”的包装。

设计者：辻村久信

简历：
辻村久信设计事务所 主宰
经营家具专卖店、SHOW ROOM moon balance
建筑名称：CLOUD 9
所在地：
滋贺县草津市野路町 930
建筑面积：84.3m²(其中厨房6.5m²)
主要装饰：
外墙／10mm 厚轻钢骨架耐火板材基层 1mm 厚铝板防蚀加工 5mm 厚萤光丙烯玻璃基层 6mm 厚硬质塑料薄膜两面装贴
地面／入口／已存地面修补
3mm 铝板铺面防蚀加工
15mm 厚木质骨架板基层
4mm 厚油漆着色加工的板材铺面(600mm × 600mm)
磨光加工硬面半亚光处理
墙壁：与外墙相同
顶棚：9.5mm 厚轻钢骨架石膏板基层塑料墙纸贴面
4mm 厚染色轻钢骨架油漆着色加工的板材铺面磨光处理(600mm × 600mm)
硬面半亚光加工
桌子：桌面／亚光透明丙烯玻璃(直径 650mm)小口弯曲加工
桌脚／钢管烧接处理
表面涂饰加工
柜台：柜台面／6mm 铝板防蚀加工(4500mm × 800mm)
柜台侧面／砖块堆砌 20mm 厚灰浆基层 4mm 厚油漆着色加工的板材铺面 600mm × 600mm 方材磨光加工
施工单位：ALLES

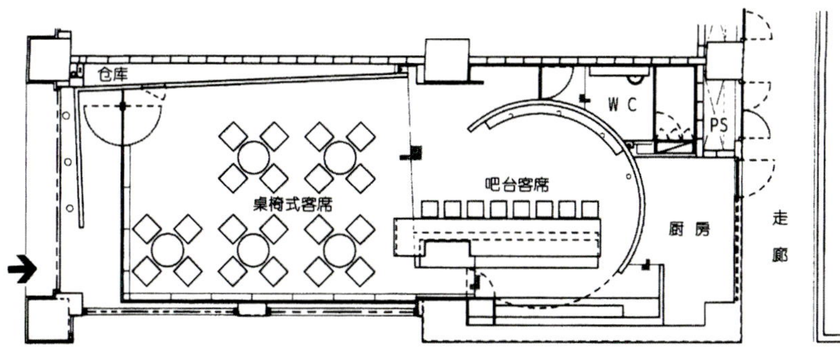
仓库
W C
PS
吧台客席
桌椅式客席
厨房
走
廊

友杉有纪

Yuki Tomosugi

SOLID

酒吧SOLID是业主的思想得以升华的具体表现。其目的是“创造一个不受流行影响，永不陈旧，并拥有独自的时间推移方式的真正的空间”。这一追求从音像设备、家具开始涉及到各个细部，例如20世纪20年代露呢·拉利克所制作的水晶杯，被理所当然地注入鸡尾酒，用来款待顾客。

空间设计以“优质的现在”为主题。从喧哗街市剪辑的时间片段在此得到了表现。将“追忆过去的要素”和“预感未来的要素”分别转化成经过长年累月已深深烙上时代痕迹的旧铜板和内藏蓝光照明的复层网眼装饰板等材料，使时间的表现，空间的构筑得以实现。

通过如此对比性的共存，相互的狭窄空间里，出现了忽隐忽现式的时间沉积。与此同时，为了挽住时间的流逝，店内还设置了吧台，顾客聚集于此，能舒适地度过“现在”的空间。

设计者：
友杉有纪　池田一美

简历：
SPINIFEX代表

建筑名称：
SOLID

所在地：
福冈县福冈市中央区天神3-1-6

建筑面积：
45m²

主要装饰：
顶棚/石膏板下底　塑料光漆涂饰
墙壁/木质下底　旧钢板装贴
硬质橡胶涂饰加工　网眼装饰板
地面/天然石铺贴　局部铺设旧钢板
吧台及台面/100mm厚南洋木
硬质橡胶涂饰加工
屏风/10mm厚钢板手磨加工

施工单位：
URBAN INTELLIGENCE DESIGN OFFICE
诸井千男(施工监管)

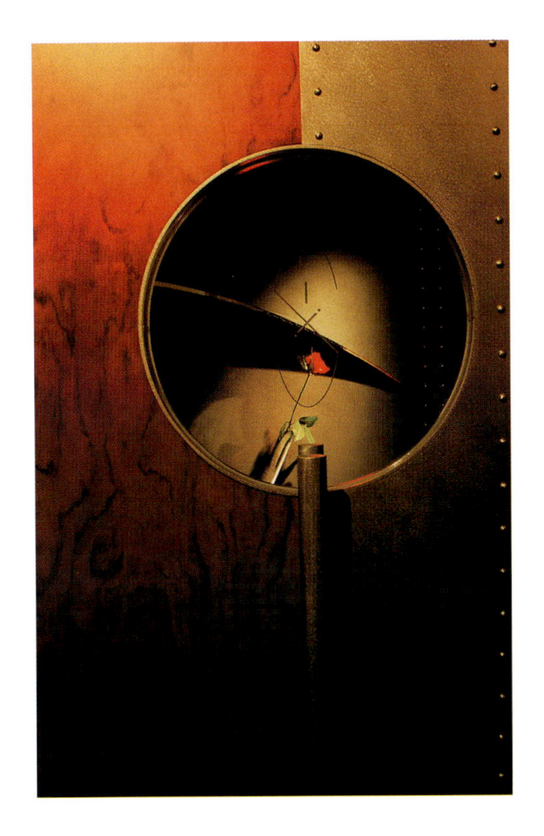

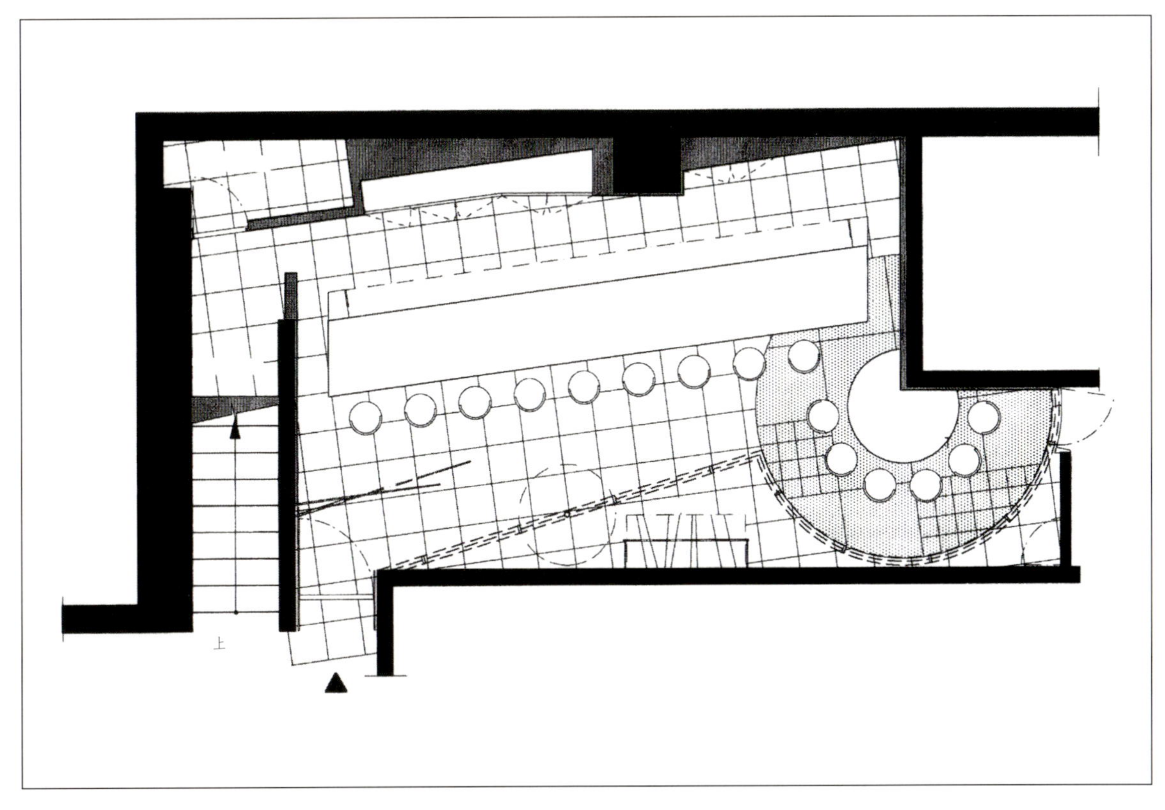
上

野井成正

Shigemasa Noi

川名

川名酒吧是由位于大阪繁华的法善寺横町的一幢长屋的二层改装而成。针对长屋独特的细长空间，在光的表现时突出了水平方向的光线，构成了一个具有纵深感和流动感的空间。

由方材组合而成的墙面装饰板在设置时稍脱离墙面，并加以间接照明，从缝隙中露出的灯光富有层次感。并且光线的错位、曲折产生了浮动的效果，把顾客的视线集中于此，缓和了空间的狭窄逼迫感。

墙面装饰板在加工时故意用石膏消去了木纹，以此来追求石膏的粗糙感和木材致密质感相对比而产生的趣味性。

随着时间的推移，木板发生扭曲和收缩，从而产生新的缝隙和裂痕。室内光线也随之发生微妙的变化。以此顾客更能亲身感受到自然树木的生命力，享受融汇于空间里的柔和与宁静。

设计者：
野井成正

简历：野井成正设计事务所代表

建筑名称：
川名(Kawana)

所在地：
大阪府大阪市中央区难波1丁目1—8

建筑面积：
27.4m²

主要装饰：
地面／山毛榉地板材铺面
墙壁／墙纸装贴乳胶状合成树脂粉饰
顶棚／墙纸装贴乳胶状合成树脂粉饰
墙面装饰板／日本铁杉寸方材石膏填补磨光加工
吧台／70mm厚橡木材上油加工

施工单位：
吉野创美

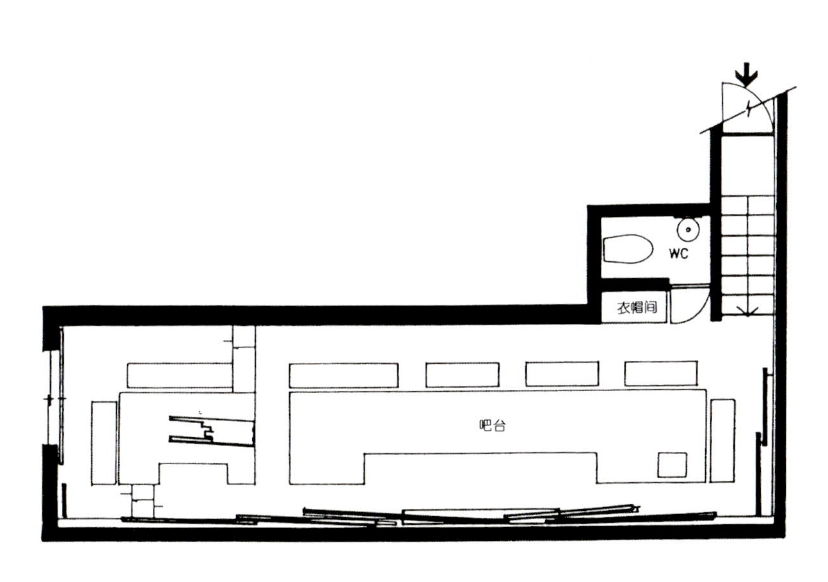
WC
衣帽间
吧台

堀川秀夫

Hideo Horikawa

茧

葡萄酒是西洋文化之一，如何在日本的空间内亲密地结合在一起是设计的中心。将储藏葡萄酒的地下室变成具有裂纹并风化的土墙仓库，茶室变成了接待客人的空间，日本的葡萄酒储藏室得以形成。引道呈长洞穴状的空间，将客人从日常引向非日常。"茧"用和纸制作，进入这个空间包含着不可思议的感觉。我想建筑也是艺术的一部分，特别是咖啡空间是幻想题材的存在。

设计者：
堀川秀夫造型建筑研究所 堀川秀夫 田锅阳子

简历：
堀川秀夫造型建筑研究所代表者

建筑名称：
茧(COCOON)

所在地：
东京都涉谷区神山町40－3 B1F

建筑面积：
62.60m²

主要装饰：
顶棚／既存顶棚
墙壁／土墙龟裂处理
地面／铺设美国松木板材 油漆着色处理
茧／和纸半圆形屋顶

施工：
DAIWA 工建 负责人／堀川秀夫造型建筑研究室 · 大岩根武资

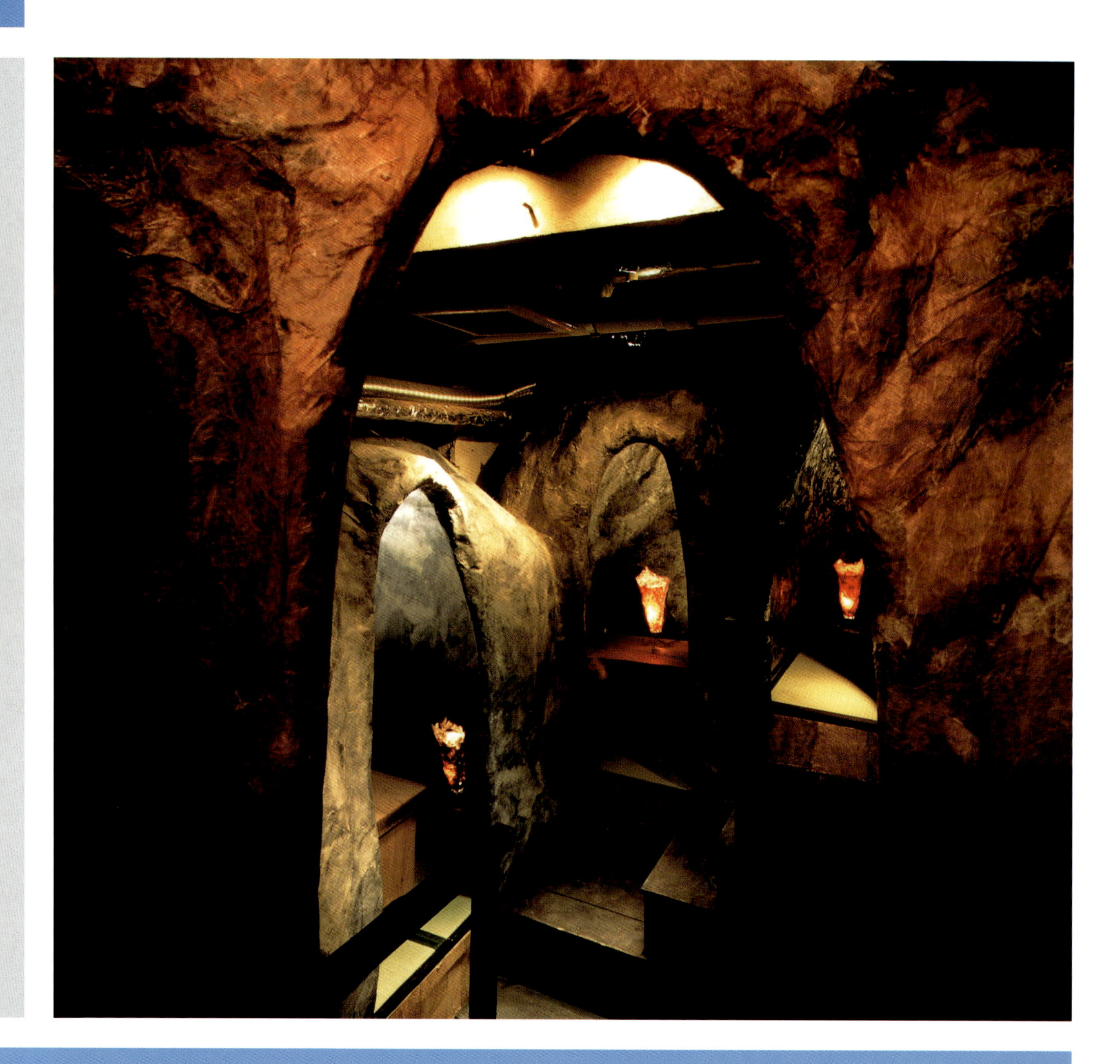

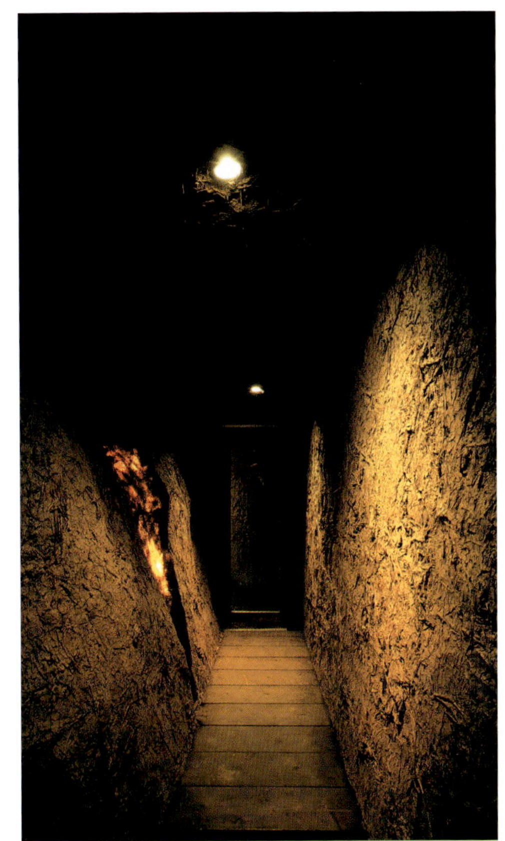

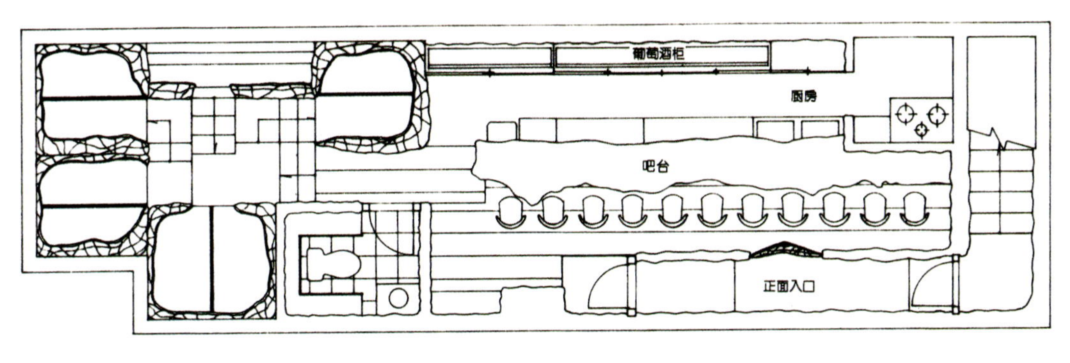
葡萄酒柜
厨房
吧台
正面入口

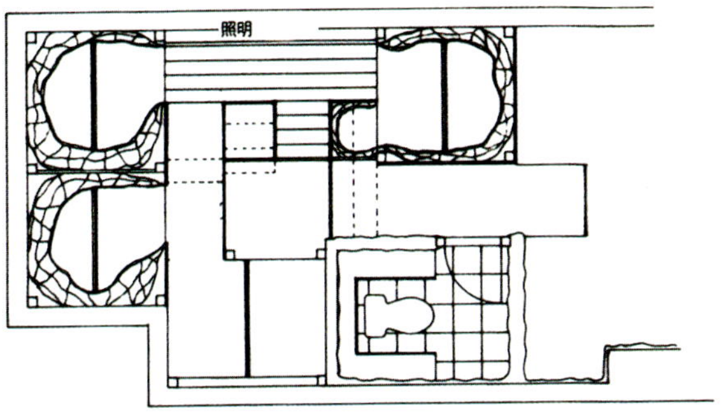
照明

森田恭通

Yasumichi Morita

BAR ballad BAR

BAR ballad BAR是一家只有40m²的小酒吧，位于东京青山。当初，业主希望选择一处能欣赏到夜景的地方，但由于种种原因，最终不得不确定了现在这块位于地下的场所。为了实现业主的愿望，在设计时，联络了日本顶尖的设计师。吧台、顶棚、照片、美术设计、空间构成，都达到了至高境界。“亚洲的摩登”作为酒吧的设计主题，吧台采用了樱花木和玻璃的组合。顶棚的红色塑料管突出了亚洲的色彩。墙壁上的镜子中不规则地设置了香港、上海、越南的风景照，镜子里又映照着吧台上的油灯，正如美丽的夜景，放射出柔美的光芒。

设计者：
森田恭通

简历：
1996年1月 成立森田恭通设计事务所
1995年9月 获NASHOP EATING CONTEST优秀奖
1996年2月 获JCD设计奖优秀奖
获'96NASHOP LIGHTING CONTEST优秀奖
1997年10月 获JCD设计奖优秀奖
获'97NASHOP LIGHTING CONTEST优秀奖

建筑名称：
BAR ballad BAR

所在地：
东京都涉谷区神宫前5-50-6 B1F

面积：
78m²

主要装饰：
客席
地面／塑料瓷砖铺设
墙壁／乳胶状合成树脂涂饰
密胺树脂板材装贴
盥洗室
地面／彩色灰浆涂饰
墙壁／密胺树脂板材装贴
镜面玻璃装贴
顶棚／塑料墙纸装贴

施工单位：(株)乃村工艺社
摄影：
Nacása & Partners inc.

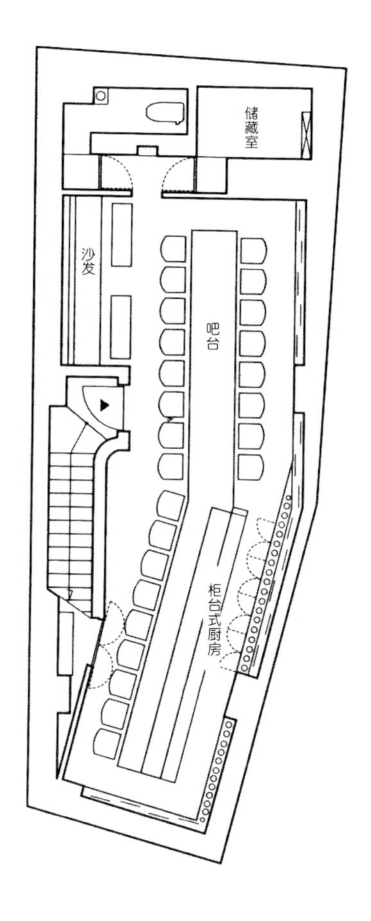
储藏室
沙发
吧台
柜台式厨房

大塚则幸

Noriyuki Otsuka

LE CIEL BLEU

位于大阪繁华街的一角，通称美国村，是时装店和饮食店相互交错的地区，以学生为主要客源。从早晨开始到深夜为止，年轻人在这里交错来往。怎样谋求店与店的区别性，首先要确认店铺的性质。LE CIEL BLEU是以20岁为中心的客层，提供国内外流行商品。同近邻的其他店来比较。商品的单价比其他的店铺高出3～5倍，是贵是贱，这是困难的比较，但不应只从价格上来考虑。从这地区本来的潜在发展来看，必须打破已有的高度和现在的不景气"店铺""购物"对消费者是重要的，但更重要的是"消费的愉快感"，LE CIEL BLEU是将来消费的一种新样式。

设计者：
大塚则幸

简历：
大塚则幸设计事务所

建筑名称：
LE CIEL BLEU

所在地：
大阪府大阪市心斋桥2-18-2 1F

建筑面积：
71.56m²

主要装饰：
顶棚／轻钢结构　12.5mm厚石膏板下底　上等细麻布上浆处理亚克力光漆涂饰
墙壁／轻钢结构　12.5mm厚石膏板下底
上等细麻布上浆处理亚克力光漆涂饰
地面／灰浆基层　特订水磨石铺贴

施工单位：
长谷川　金丸博之

LE CIEL BLEU
LE CIEL BLEU

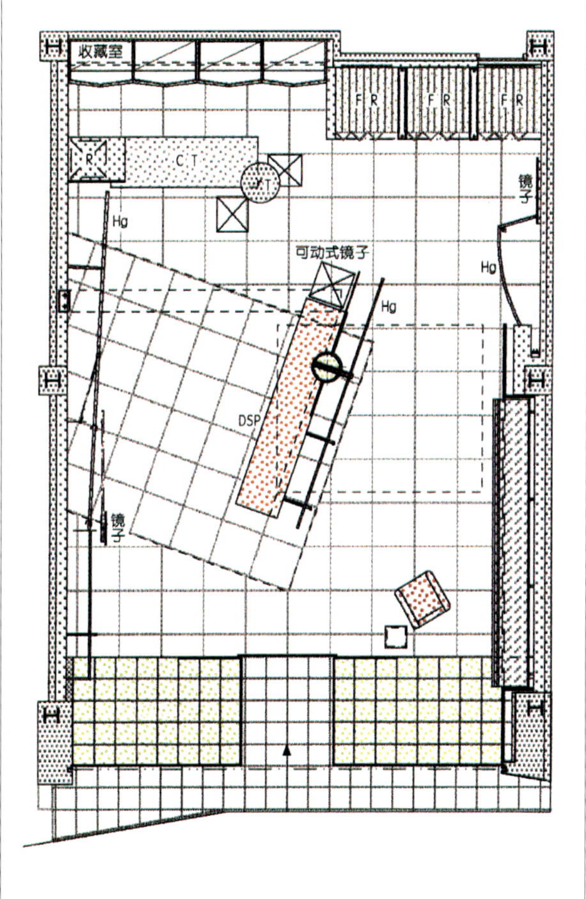
收藏室
FR
FR
FR
R
CT
XT
镜子
Hg
可动式镜子
Hg
Hg
DSP
镜子

柿谷耕司

Kohji Kakitani

INCUBATE

INCUBATE 主要经营日本新锐服装设计师的作品和名古屋地区的名牌服装。从日本服装设计师的追求和业主以培养名古屋地区服装设计师为目的的策略出发，整个空间掺入了一种宣传气氛。另外，虽使用了白灰泥、黑松木等带有日本色彩的素材，却尽量不引发对日本的具体联想。这是由于流行服装设计从某种程度上说是一种不具备历史性、都市性逻辑的无主题设计，因此运用虚构的手段使之成立。与此同时也赋予空间一种批判性的色调。

在并不具备很多设计要素的空间里，通过间接照明将整个楼地面从地平线托起，使从重力中得到解放的楼地面创造出了浮游感。另外整个店铺还突出了以固体性长方体组成的引导空间的存在性。通过带有浮游感的这种檐廊性空间使来访的客人同时亲身感受到兴奋和镇静这一对相反的感觉，此感受完全包含在店铺之内。

设计者：柿谷耕司

简历：柿谷耕司ATELIER 代表

建筑名称：INCUBATE
所在地：爱知县名古屋市中区锦 3-15-13 中央公园内
建筑面积：76.26m²
主要装饰：
地面／细长松木材木搁栅组合 25mm厚地板材料铺面 局部使用烧结玻璃 局部灰浆铁抹子涂抹加工 地板材料铺面
墙面／轻钢框架组合 耐火板材贴面 上等细麻布上浆处理 亚克力光漆涂饰(白色)
局部带间接照明的屏风使用 VP 涂饰(黄色)
顶棚／轻钢组合不燃板材装贴 上等细麻布上浆处理 亚克力光漆涂饰(白色) 局部带间接照明的板材使用
塑料光漆涂饰(黄色)
柜台、桌子 桌面／60mm松木材耐火处理表面涂层加工
侧板／钢筋支架灰泥粉饰加工(白色)
墙面饰物／耐火松木三合板表面加工
内藏间接照明
格子板材制作／60mm×30mm松木材表面加工 耐火粉饰处理 耐火板材基层灰泥加工(白色) 内藏间接照明
实施：藤本工艺
照明设计：大光电机公司 中前公晴
摄影：浅川敏

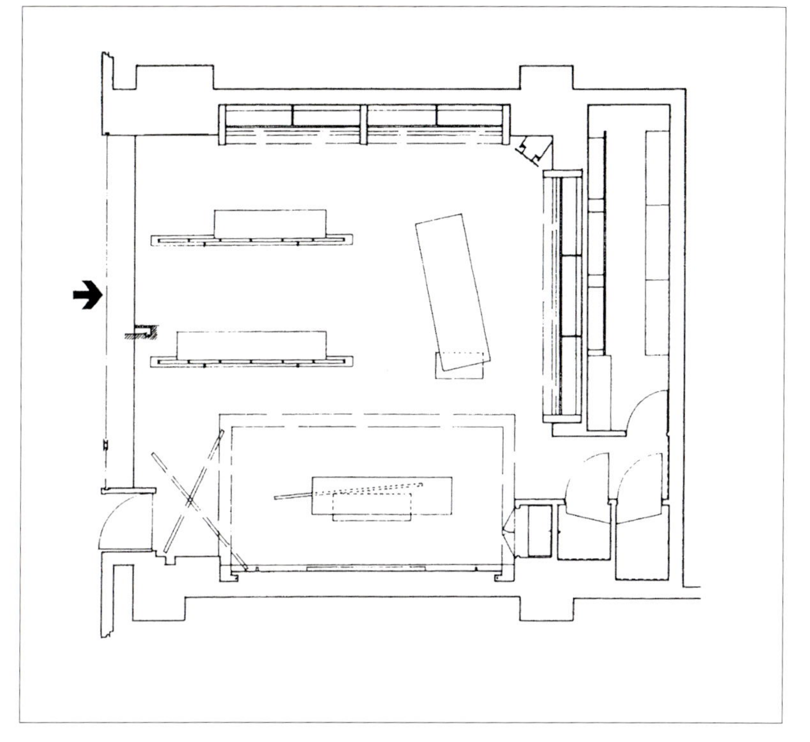

河崎和浩

Kazuhiro Kawasaki

as know as de base

这次的店铺设计是和业主的第二次合作。上次合作结束后，一起去了古战场“屋岛”，从屋岛眺望濑户内海的景色成了这次设计的主题。柔和的春风，浮游于濑户内海的岛屿，来往于岛屿间的小舟，远处隐藏于春霞里的濑户大桥，整个景色使那些成天沉浸于工作中的人们，一瞬间从都市中得到解脱，置自身于扑朔迷离中。自古以来就相当繁荣的高松是中国、关西地区和四国地区水路的交通要塞。由于从屋岛远眺的风景和业主的新设店铺的目的相吻合，大桥也就成了两者共同的主题。连接彼岸的桥梁给所有到过此地的游客留下了深思、欲望和梦想……

店铺的空间高度设置得相当高，正中央的主题贯彻获得了开放感。入口部和最深处的地面模仿了陆地，中间铺设了波形地板。墙壁等部分采用了表现濑户内海温和阳光的黄色和表现初春的橄榄绿。店内的家具就好比浮游于濑户内海的小舟。

设计者：
河崎和浩

简历：
从师于水谷壮市氏至今

建筑名称：
as know as de base

所在地：
香川县高松市丸龟町 14-7 1F

面积：
124m²

主要装饰：
外墙/钢框 薄膜贴面 12mm厚无框透明玻璃
地面／灰浆基层 地砖铺面
水泥预制板基层 波状地板材铺面
墙壁/钢结构石膏板基层 灰泥涂饰
顶棚/钢结构石膏板基层 亚克力光漆涂饰

施工单位：
SEKIYA/清水伸一 牧野隆二

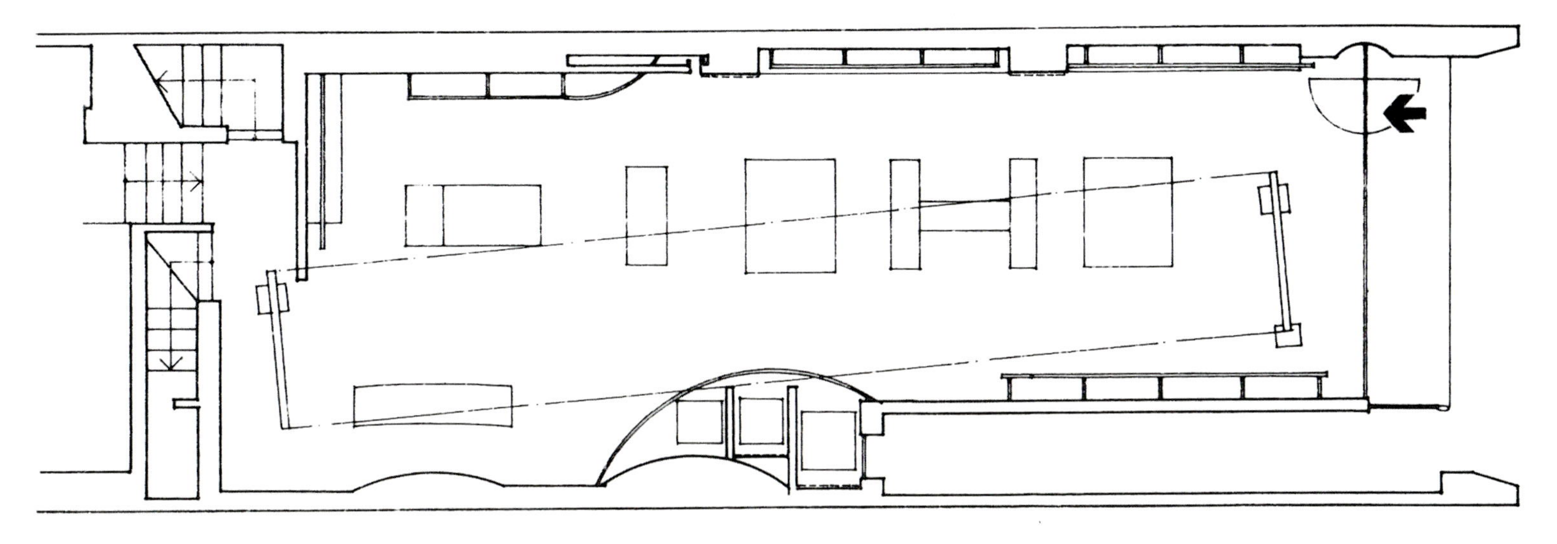

川端宪二

Kenji Kawabata

MATSUDA

MATSUDA 原为展示现代美术作品的展览厅。在过去的六年里实验性地展出了几位艺术家的艺术作品。

这次的设计主题是在引进服装店功能的同时尝试建立一个超越空间表现的关系。墙面上的镜子仿佛给店铺空间开设了入口，把顾客引向深处，暗示了另一个空间的展开。镜子使现实空间的轮廓变得模糊，使店内飘荡着浮游感，所有的东西好似飘浮于空中，更突出了透明风景的构成。镜子与分散于各部分的浮游性设计相互作用，浮游感得到了增强，并充满整个店铺空间。周围的墙壁逐渐从构造上得到解放，空间与顾客在整体上得到融合。因此，当顾客步入店内，全身心得到开放，发现真正的自我，感受到另一个世界的展开。

设计者：
川端宪二

简历：
1976年　设立PLASTICS STUDIO ASSOCIATES

建筑名称：
MATSUDA

所在地：
东京都港区南青山3-16-9

面积：
364.6m²

主要装饰：
地面　1层、-1层／黑色花岗石板(500mm × 500mm)铺设
2层／橡木地板材铺设
墙壁／既存混凝土 局部12.5mm石膏板基层塑料光漆涂饰
照明／打孔装饰板圆筒型外罩光源内藏
家具／表面加工橡木合成板

施工单位：
美留士

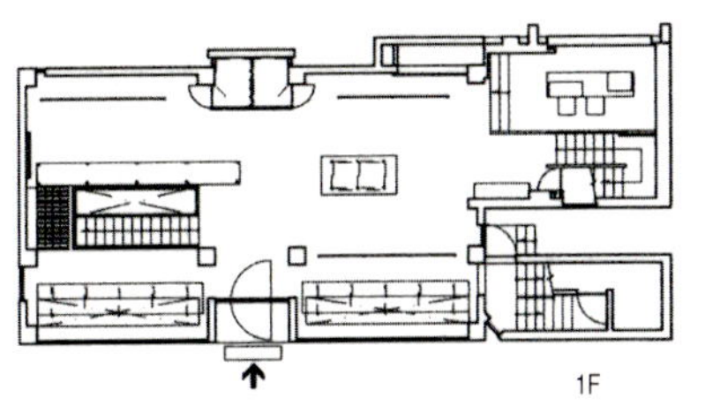

1F

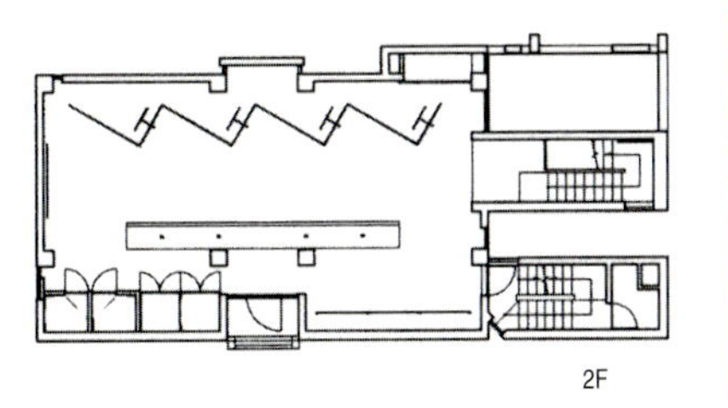

2F

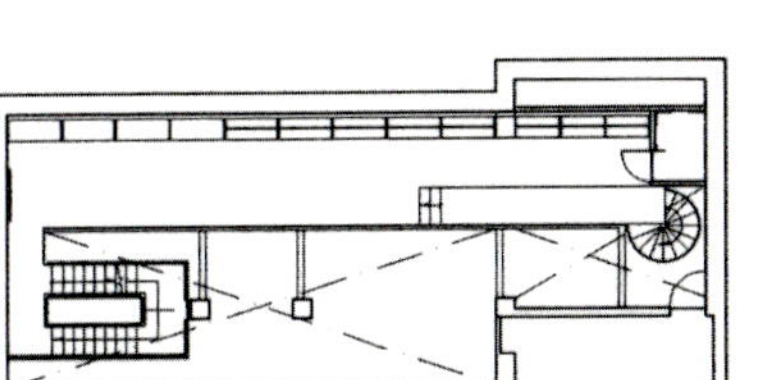

MB1F

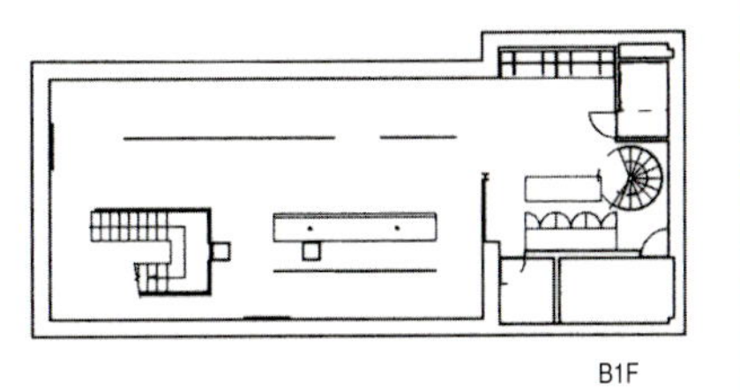

B1F

小泉诚

Makoto Koizumi

ATTITUDE

ATTITUDE坐落于东京南青山古董街的一隅，是一家复合型名牌服装专卖店，由八个个性相异的洋服店分两层组成。楼梯作为引导去二楼的一个重要因素，在设计时花费了较多的时间。因为是通往二楼的主要流动路线，所以必须有足够的宽度和高度，由于一楼并不宽敞，所以对楼梯的位置和形状进行了反复多次的探讨。最后决定了这一充满清馨气息的楼梯样式。

面向街道的一楼，在形态上融汇了色彩和光线的谐合，使得空间构成非常简洁明了，造就了一个富有节奏感的空间。二楼和一楼一样，井井有条，构成要素使用天然材料，并对其所特有的色彩加以突出，使得整个空间在模糊不清中有着适合的表现。

整个设计的目的是在优雅中包含柔和与坚强，突出个性。可以说ATTITUDE是针对这一抽象店铺形象的一个比较满意的回答。

设计者：
小泉诚

简历：
1960年出生于东京
1990年设立小泉STUDIO

建筑名称：
ATTITUDE

所在地：
东京都南青山

建筑面积：
145.07m²

主要装饰：
地面/1F/亚麻油毡
2F/麻质地毯和田石
墙面/石膏板基层　亚克力光漆涂饰
顶棚/石膏板基层　亚克力光漆涂饰

施工单位：
D.BRAIN

摄影：
Nacása & Partners inc.

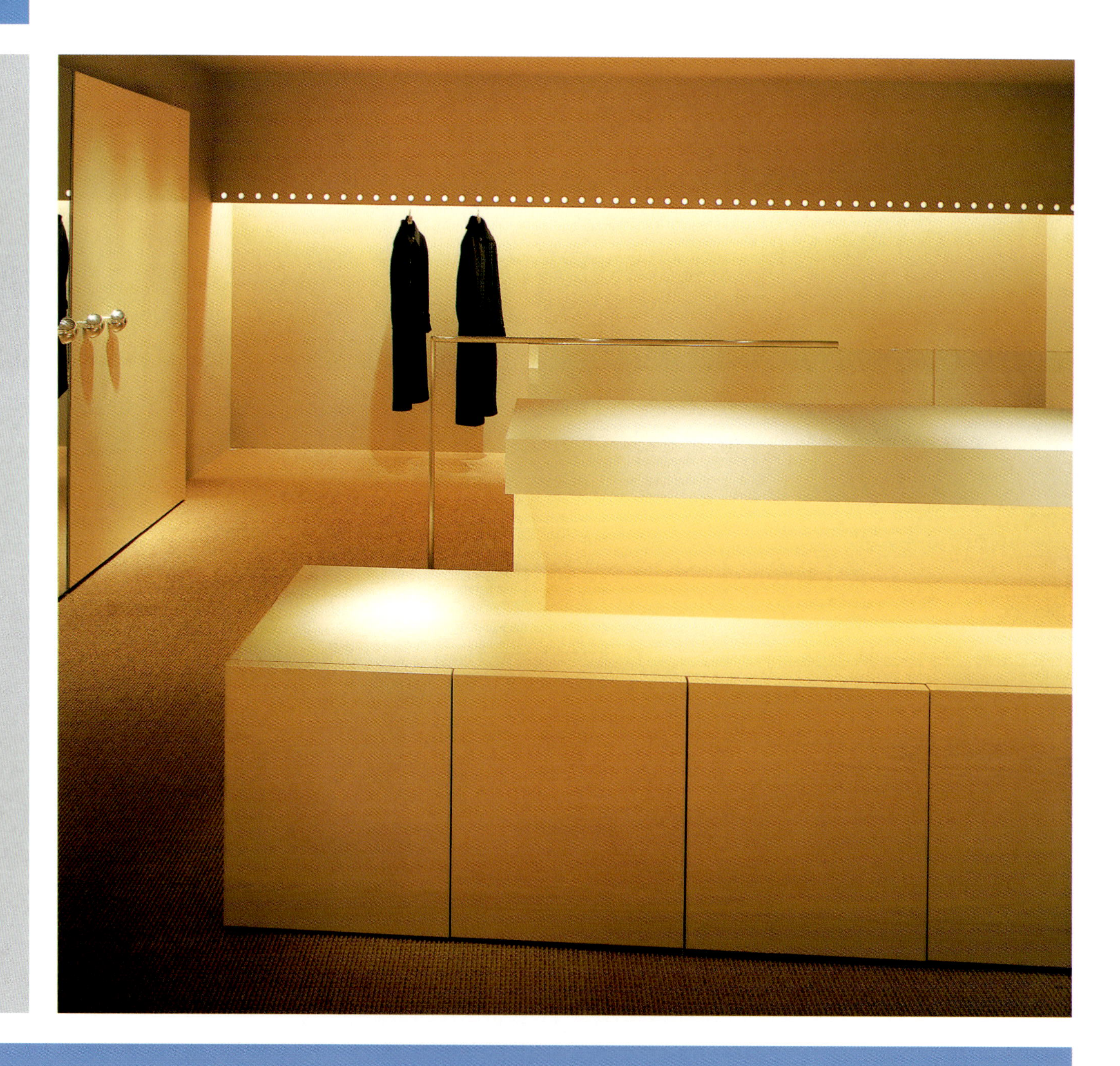

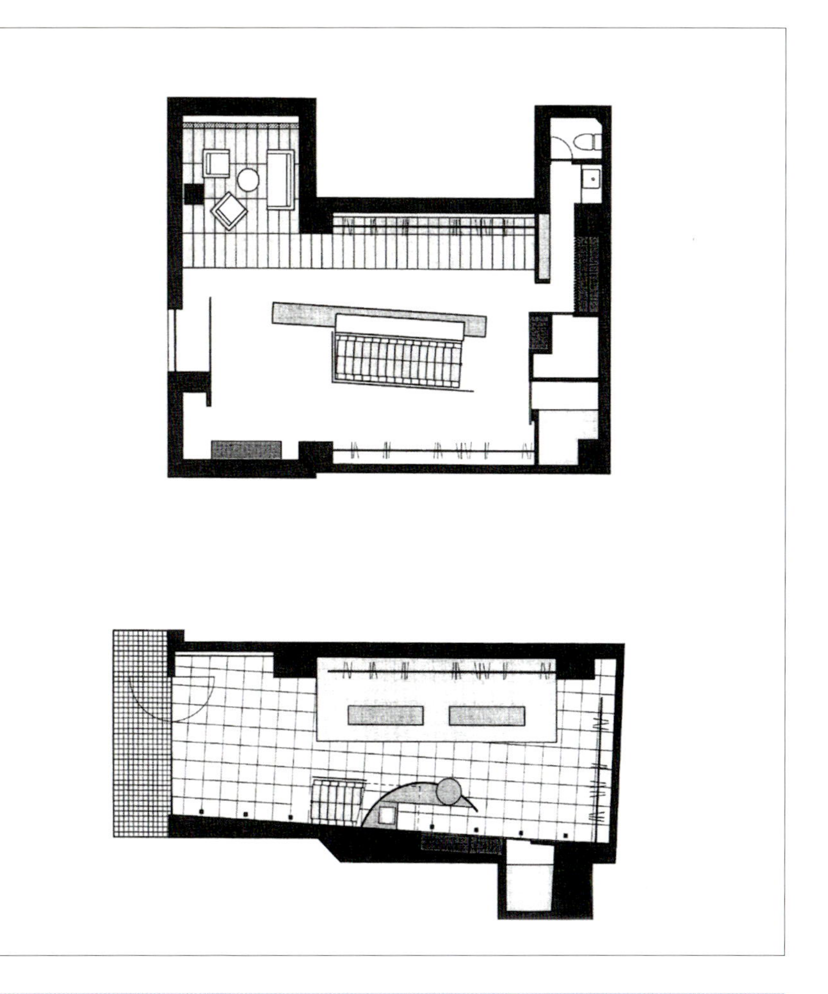

近藤康夫

Yasuo Kondo

YOHJI YAMAMOTO

神户巴尔大厦山本洋治时装店是由一座非常简洁的空间构成。纵向细长平面，通道占据大部分面积，层高6m，墙面的大半是窗面，是一个开放型空间，也可以说是一个狭长空间。这样的空间如何再装饰成为中心问题。在这样的条件下，能着手改造的地方只有平坦的地面了，地面的装饰是有效的也是唯一的手段。首先，将地面以宽500mm为标准均等分割成带状，并将其中一部分隆起，使之具有衣架和陈列架的功能，隆起的两端呈R状，最低限度也会起屏幕作用。3.2mm厚的钢板屏风，使整个空间产生素朴自然感，购物空间内的整个空间和陈列架部分的关系都集中在铁板上。只有在淡薄的境界意识下这种关系才得以成立，由此形成了好似“空中飞舞的地毯”的一块平面。能和这一空间形成决定性对峙的只有YOHJI YAMAMOTO的服装了。

设计者：
近藤康夫设计事务所　近藤康夫　山田尚弘

简历：
近藤康夫设计事务所代表者

建筑名称：
YOHJI YAMAMOTO

所在地：
兵库县神户市中央区三宫町3丁目6-1 6F

建筑面积：
120.12m²

主要装饰：
地面/木条地板　水泥板基层厚15mm　贴3.2mm厚钢板清漆亚光处理
墙壁/轻钢组合12.5mm厚石膏板基层　贴厚3.2mm厚钢板　清漆亚光处理
顶棚/既存顶棚
家具　陈列架/3.2mm厚钢板清漆亚光处理　Ø25钢管清漆亚光处理(局部密胺烧结消光)
衣架/钢板厚3mm
2mm贴面　清漆亚光

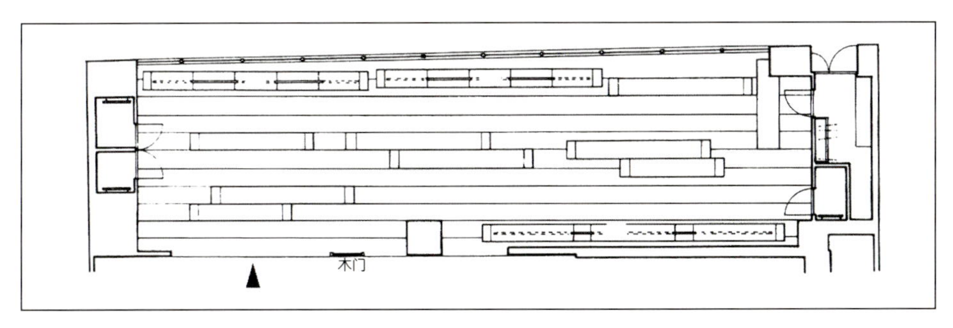
木门

泽田广俊

Hirotoshi Sawada

JEANNE MARIE

整个店铺的主题是"充满欢笑的马戏团"。因此以"笑"为基调进行了设计。在日本关西把"笑"也说成"接受"。就像接受、包容一样，在一定的基础上进行理解和认识，对于我们来说这是一个重要的行为。另外，消费的动机可以说是多种行为的延续。在此，把这些行为看成是马戏团的小屋，拥有多种多样的要素，以此来引导顾客走向"充满欢笑的马戏团"。

设计者：
设计/泽田广俊

F-MAIL：
s-s-d@interlink.or.jp

艺术加工/泽田广俊+本间奈美

绘图/砂川义之

简历：
1994年设立泽田设计事务所

建筑名称：
JEANNE MARIE

所在地：
大阪府大阪市天王寺车站大楼MIO 3F

建筑面积：
123m²

主要装饰：
地面/铁抹子涂饰灰浆基层 长幅塑料纸图案组合装贴 中央地毯铺设
墙壁/12mm厚石膏板基层 织锦竖条纹墙纸装贴
立柱装饰/木片再生压缩板家具
顶棚/12mm石膏板装贴 乳胶状合成树脂图案组合涂饰 局部骨架乳胶状合成树脂涂饰 金属器具/表面锈状加工

施工单位：
(有)不二永制作所

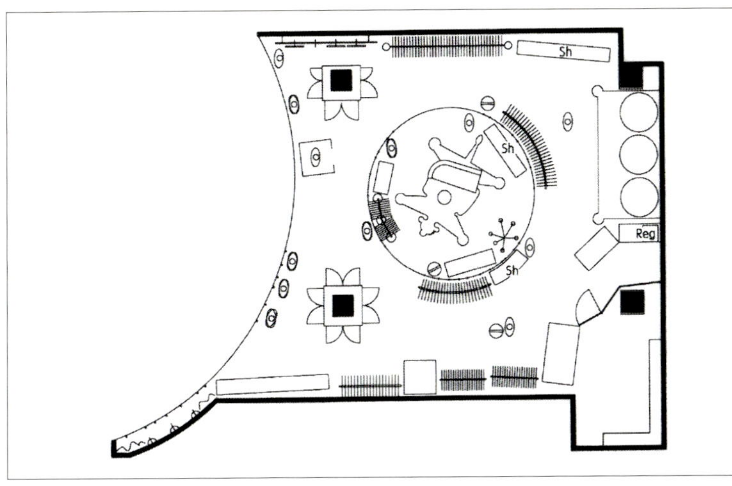
Sh
Sh
Reg
Sh

关彻郎

Tetsuro Seki

HYSTERIC GLAMOUR

当今，在年轻人中得到流行的商标“歇斯的里克格拉玛”取材于20世纪60年代以西方年轻人为中心所流行的吧台文化风潮。由商标设计家北村信彦的协力，以吧台文化为主题的设计近百家之多。HYSTERIC GLAMOUR商店是最适合最准确表现了这种设计的店铺之一。所谓的吧台文化，就是专门破坏已有的概念的破坏操作，产生了摇滚乐、嬉皮士、萨依凯的里克、波普艺术等，几乎影响到所有的领域。此店就是打破了楼板部件——护墙、墙、顶棚这样一些室内设计的固有概念，将静态的楼板、墙壁以动画的方式连动。此处的动画方式是象征20世纪60年代的主题，是多彩的霓虹，以黑色为基调，而黑色意味酒吧文化的关键——前卫派。

设计者：
关彻郎　北村信彦

简历：
1958年生
获JCD 商业系统设计奖

建筑名称：
HYSTERIC GLAMOUR

所在地：
东京都丰岛区池袋

建筑面积：
55m²

主要装饰：
尿烷树酯涂饰

施工：
PARCO PROMOTION J.C.T

HYSTERIC

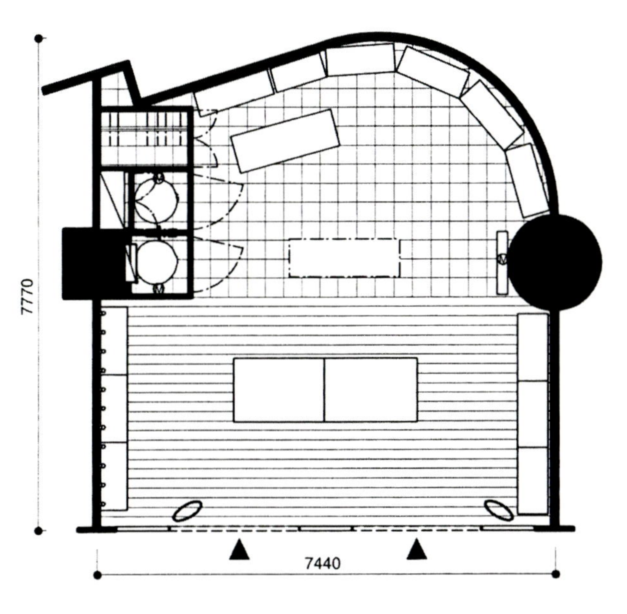
7770
7440

HYSTERIC
HYSTERIC

野泽诚

Makoto Nozawa

WIN A COW FREE

每月更换的信息(商品)在店内被展示，而装满商品的包装袋又被陈列在冷藏柜中。信息就像鲜食品，保持新鲜是最重要的。对材料进行精心选择，加工时尽量保持鲜度，最后加以包装递交顾客，这就是此店铺的设计概念。店主所考虑的店铺形象是"鲜肉专卖超市"。由于专营鲜食品，店内必须干净整洁，保持一定的低温，所以店铺的构成材料选用了不锈钢。另外，还采用了拱肩式顶棚、上漆地板、日光灯照明，正面外装也使用了不锈钢。因此，店铺形象也可说是由展示、保存信息的工业制品所构成的"冷藏柜"。为此，误差要求到毫米，施工者必须以机械加工精度来进行施工。此外，虽然保持信息新鲜度的装置已经有了，但店主仍非常注意信息的季节性。

设计者：
野泽诚+GLOBAL ENVIRONMENT THINK TANK

简历：
1953年出生
日本大学理工学部建筑学科毕业
现为GLOBAL ENVIRONMENT THINK TANK代表

建筑名称：
WIN A COW FREE

所在地：
东京都目黑区青叶台1-14-12

建筑面积：
35m²

主要装饰：
外墙／1.2mm厚不锈钢板
地面／树脂涂饰地板
墙壁／1.2mm厚不锈钢板
框架／1.6mm厚不锈钢板
顶棚／拱肩式铝板贴面
照明／日光灯

施工单位：
D.BRAIN

摄影：
Nacása & Partners inc.

1.盥洗室
2.牛肉模型陈列柜
3.管道用空间
4.柜台
5.陈列柜
6.收银台
7.衣架式陈列柜
8.陈列柜
9.商店入口

平井隆嗣

Takatsugu Hirai

TABOO → NOAH

“TABOO → NOAH”(规制中的开放)，一切都从这里出发。

店铺位于京都的北山通，面积约330m²，曾以出售妇女用品为主。由于经营战略的转移，店员们自己动手将店铺改装成以男子用品为基础的休闲时装店。装修条件是内装费为每平方米3万日元，必须富有个性，能适应各种变化，从企画到开张必须在两个月内完成。由此得出的结论是材料就近使用，制作简单，不固定，使变化可能。大家齐心协力，承担起各自的责任。

在朴素的自然中尽兴游戏，不畏惧任何禁忌，“游朴民”是整个视觉设计的基础。因店铺位于京都，日常用具和展示部分的制作采用了白竹和杉木材。又考虑到经费和加工性，还使用瓦楞纸箱制作了桌子、收银台、男人、女人、狗、蛇、蚱蜢等店铺的守护员。由此，瓦楞纸箱成了整个商店的象征。照明器具使用塑料垃圾箱和色拉钵的组合，不够的部分直接在市场购买、拼组合成。最初参加时是设计者的身份，随着时间的推移，构思的考虑，物体的制作，终于成了“游朴民”的一员。两个月后，店铺预期开张了。但是，店铺的改造并没有最终结束，而只不过是一个开始。

设计者：
平井隆嗣

简历：
1956年出生于札幌
1998年设立平井隆嗣事务所

建筑名称：
TABOO → NOAH

所在地：
京都府京都市北区上贺茂岩ケ垣内町97-1

建筑面积：
320m²

主要装饰：
地面／已存地面调整　3mm厚氯化地面砖铺面
墙面／已存墙面乳胶状合成树脂　局部塑料墙纸贴面
顶棚／已存顶棚乳胶状合成树脂粉饰
日常用具／白竹　瓦楞纸箱　纸管　异型钢筋　杉木板材　帆布　人工草坪
照明／手工制作塑料灯具　色彩改善型水银灯

施工单位：
内装:(株)吉田工艺社

照明：
(株)EBISUN

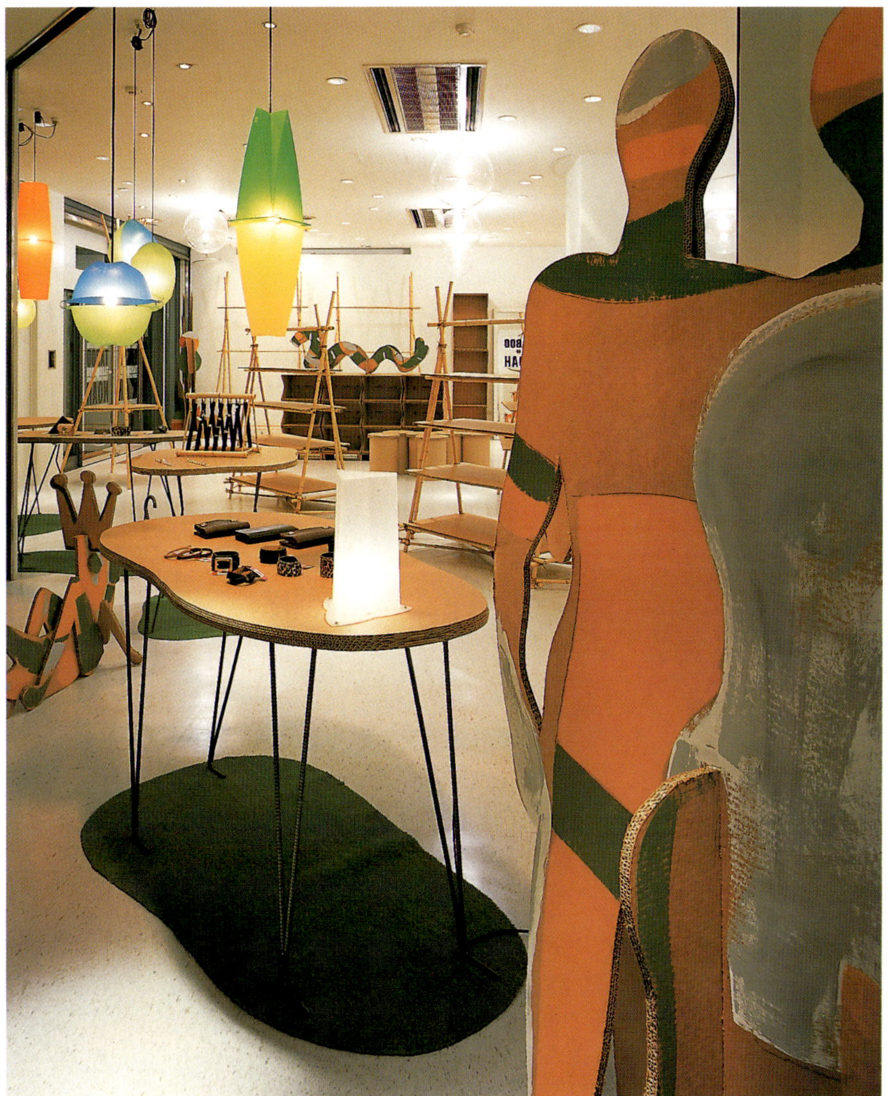

TABOO
NOAH
HELMUT LANG

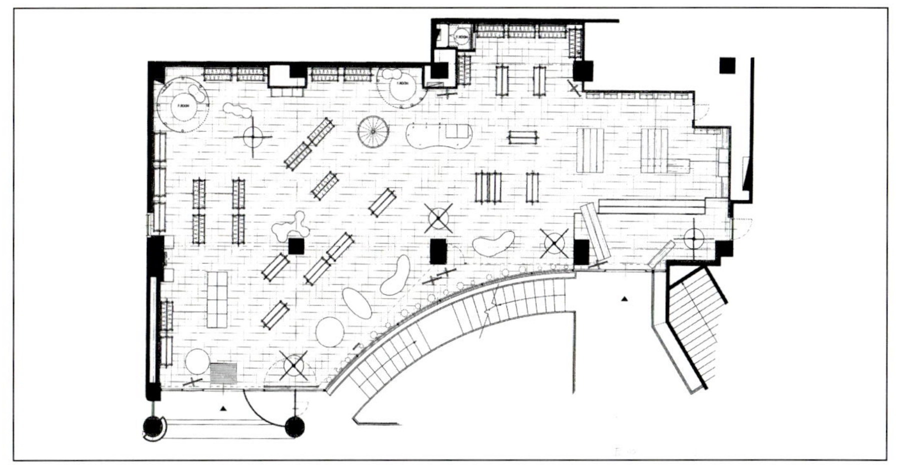

文田昭仁

Akihito Fumita

Tre Pini

作为商店的最根本条件，应从商品的陈列出发。但从广义上说，这不能作为商店的充分条件。也就是说，用怎样的方法将商店和商品的关系加以发展才是商店的必要条件。这次Tre Pini的设计，在不偏离主题的基础上，注重了必要商品陈列的灵活性，并与商品销售以外的部分相呼应。具体的说，细缝中插入各种部件的简单系统组成了墙面的百叶，前面的棚架，在发挥了其自身的功能的同时，又达到限制和调整顾客数量的目的，而且在举办插花等文化活动时又能起到有效的作用。关于灵活性，在注重便利的同时，又要考虑到额外部件的经费和确保商品的储藏空间。所以，Tre Pini在不使用衣架的时候，衣架就直接作为陈列架使用，并在店中央设置了几件家具，作为储藏柜，以解除棚架不足的缺点。通过这些设计，把各种要素融于空间构成之中。此外，从地面向墙壁延伸的空间、从顶棚向墙壁延伸的空间，两者在垂直面的交接处，用光作为媒介加以融合。百叶片的内外、上下、中央内部都设置了光源，光与物的关系通过照射和透露得到表现。百叶片的暧昧性也消除了其作为构成因素的印象。

设计者：
文田昭仁

简历：
1962年出生于大阪
1984年毕业于大阪艺术大学
1995年成立文田昭仁设计室
1997年获JCD设计奖'97优秀奖
1998年获NASHOP LIGNTING CONTEST' 97优秀奖

建筑名称：
Tre Pini

所在地：
兵库县

面积：
55.1m²

主要装饰：
地面／预制水泥板基层　油漆着色加工涂饰
墙壁／钢结构　12mm厚石膏板基层　上等细麻布乳胶状合成树脂涂饰
顶棚／钢结构　12mm厚石膏板基层　上等细麻布乳胶状合成树脂涂饰

摄影：
Nacása & Partners inc.

Tre
Pini
Tre
Pini
Flexible component

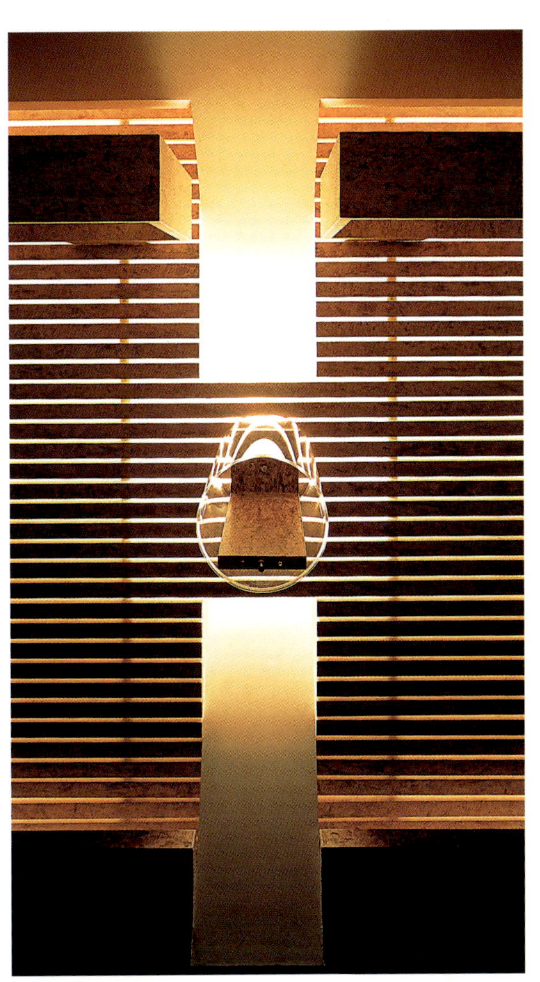

间宫吉彦

Yoshihiko Mamiya

DENIME

回到原点——NON—SELECT SHOP 的气派，存在于京都。

不试穿就将衣服买下，不试用就将工具买下，现实中，对此已习以为常。而对于牛仔服装却不能如此。虽说只是区区牛仔装，只有去理解它，留恋之情才会不断增强。而这一感情的具体表现就是“DENIME”。

要叙述DENIME京都店，就不得不提及全店唯一的商品KYOTO。质地为中国、美国、埃及三国产混棉，通过仿古处理，达到不匀质的自然效果。特别是着水洗后褪色、翻毛的牛仔服，更能体会到60年代的感动。

因为只出售一种款式，DENIME的意图不光是让顾客用眼睛看，而是让顾客通过试穿来决定适合自己的牛仔服。79种尺寸、充满自然光的更衣室，顾客置身其中，可尽情享受。

DENIME的外观和庭园非常简单，虽与京都传统民居有着鲜明的区别，但配合得非常协调。货真价实才能永存，DENIME可说是回归到了这样的京都式氛围之中。

设计者：
间宫吉彦

简历：
(株)INFIX 代表

协力：
美术设计／小泽健
照明规划/MAXRAY·LISBEL
伊藤贤二

建筑名称：
DENIME

所在地：
京都府京都市中京区富小路
通蛸药师高官町 576—1

面积：
80.66m²

主要装饰：
地面／灰浆基层表面上蜡加工 水泥预制板基层 古式橡木地板材铺设
墙壁／木结构板材装贴
顶棚／木结构有孔板基层乳胶状合成树脂涂饰

施工单位：
HEAD WORK

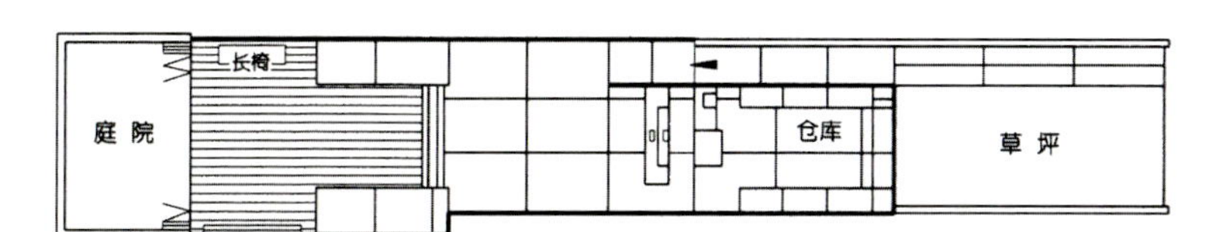
长椅
庭院
仓库
草坪

森井良幸

Yoshiyuki Morii

ANDROMEDA 2000000 L.Y.

JR盛冈站车站前立体停车场的一层本是自行车专用停放处，长度为50m，宽度为5m。将此特殊空间改造成一个史无前例的新颖洋服店是设计的目的所在。

设计者首先在确认了盛冈的商业环境、布局、人口流动情况和建筑成本的基础上进行了基础规划。入口采用小型化，并只开设一处。除咖啡吧外都另砌了一道墙壁，以切断内外的联系。

店内以入口和账台为中心，分成咖啡吧和销售两部分。柜台前设置了可动式百页门，用以分割上述两部分。材料虽然简单，却通过最小限度的设计得到了统一。要点处不使用文字板，而是运用电子显示器来传播信息，采用高亮度霓虹灯，对加以有机性设计的家具进行重点突出。

咖啡吧的照明采用下部光源，逐渐向顶棚扩散。销售部分则不直接将光源照向墙壁，而是通过照射地面时产生的反射光来达到一定的亮度。

黑色石棉瓦贴面的外装，非常规的内部空间，让人联想到外星人的家具，整个设计不同于一般的洋服店，给人以别具一格的新鲜感。

设计者：
(株)cafe co.
森井良幸
松中博之
森野和马(美术设计)

简历：
1991年设立(株)cafe co.

建筑名称：
ANDROMEDA 2000000 L.Y.

所在地：
岩手县盛冈市站前通1-44菲灿停车场 1F

建筑面积：
$250m^2$

主要装饰：
地面／灰浆基层　固定楔上色处理　局部油漆着色加工板材贴面
墙壁／黑色亚克力光漆涂饰
家具／不锈钢等

施工单位：
(株)井形设计

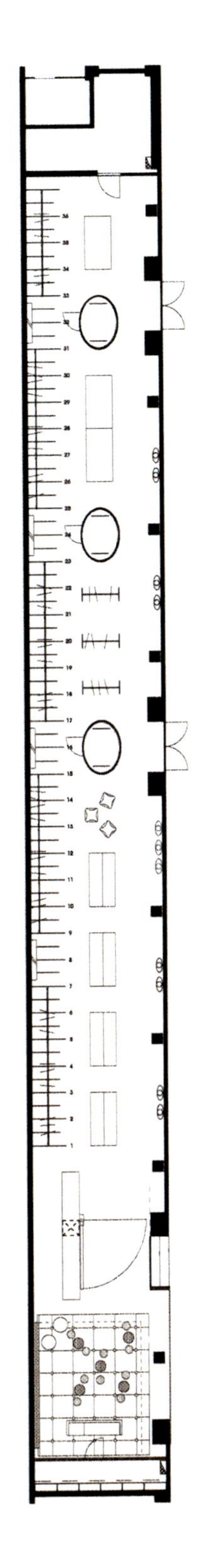

安井秀夫

Hideo Yasui

ADVANCED CIQUE

所设计的建筑空间，面积100坪(330.58m²)，顶棚底面净高4.5m。

该用地前后两面面临道路，将店铺本身作为联系两条道路的“露地”而设计，使来此客人可以享受到不同的购物乐趣，同时还可以休闲，使之延长在店时间。利用基地前后约80°的高低差，用台级将店堂一分为二使得建筑空间在平面上有所变化、并产生了韵律感。以此台级分割的店内空间、可依据精品在人们心中的地位来安置。整个建筑的所有各部，例如墙壁、顶棚等，均配置以光线、并将此光线用塑料薄膜材料包起。由于分割墙壁、顶棚在断面上的空间分隔线均已消失，整个建筑空间就成为一个大光源。当来此购物的顾客走在被这种光线包围的空间“露地”上看商品时，被陈列的商品——服装，由于优雅、柔和的光线作用，使之尊贵亮丽地浮现在顾客眼前，成为店内的主角。包容在建筑空间的这种光线又使得手拿商品的顾客如同在舞台上演出的演员一样，浮现出优雅的气质。

设计者：
安井秀夫

简历：
1958年生于静冈县
1986年成立安井秀夫ATE-LIER

建筑名称：
ADVANCED CIQUE

所在地：
东京都港区南青山6-2-11

建筑面积：
330.58m²

主要装饰：
顶棚/整体塑料光漆涂装 塑料波纹板防露加工 轻钢龙骨贴彩色波纹铝板
墙壁/整体塑料光漆涂装 塑料波纹板防露加工 轻钢龙骨贴彩色波纹铝板
地面/木质毛地板基层 贴2.5mm厚花纹铝板 再贴400mm×400mm大理石面砖

施工：
(株)ISHIMARU

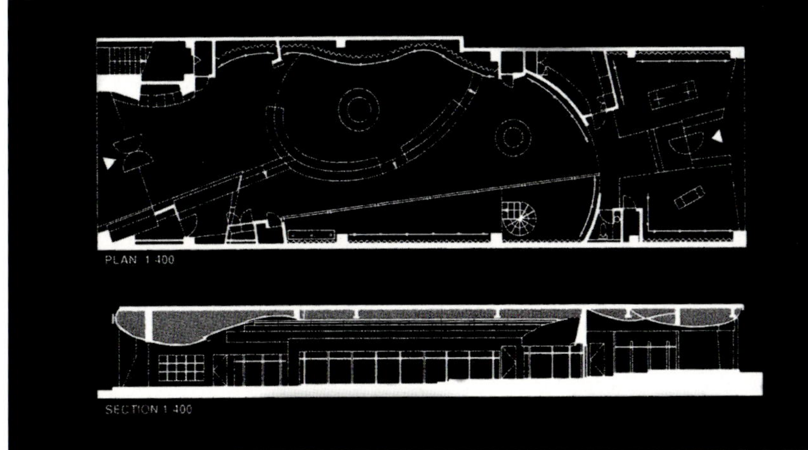
PLAN 1:400
SECTION 1:400

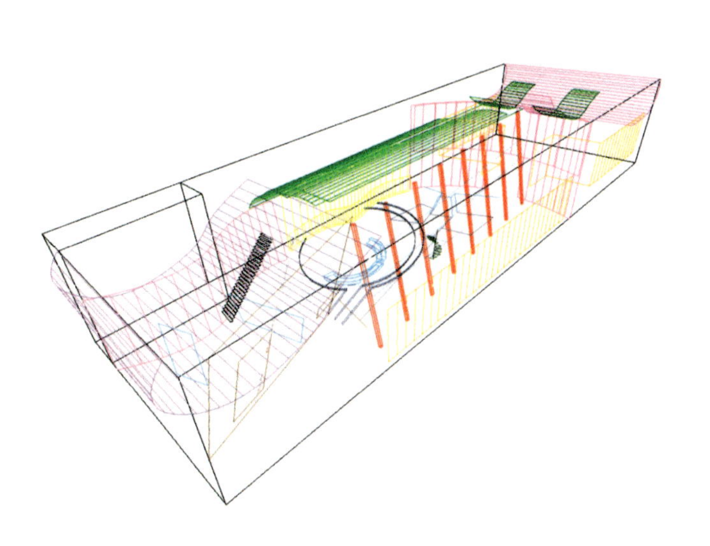

足立和夫

Kazuo Adachi

FRANCK MULLER（钟表）

一楼楼面没有销售空间，而只在最后部设置了楼梯和电梯。其主要目的在于诱导顾客上楼，并赋予入口一定的角度以改变顾客的视线。

以钟表盘的一部分为基础的圆弧状空间作为进入销售部分的序章，由此而产生了带有复杂角度的空间，为了隐藏复杂性，在构成上采用了○△□等简单的几何符号组合，并加以立体构成。

各层楼面都使用和式糊纸拉门隔扇，使店内充满了自然光，赋予了整个空间丰富的表情。二楼的销售空间是顾客逗留较长的地方，为了使之能一直拥有不同的表情，将枫木材的组合加以设计，通过和镜子的共存，当顾客通过这里时一瞬间眼前会出现各种各样的影像。

另外，这幢小川大楼建于30年前，为了跟上现代的节奏，在机能上也进行了改造。

设计者：
足立和夫

简历：
(株)design Fresco 一级建筑师事务所代表

建筑名称：
FRANCK MULLER

所在地：
大阪府大阪市中央区今桥1丁目7-5

建筑面积：
187.77m²

主要装饰：
外部装饰／碎石块砌面
已存装饰幕墙石纹粉饰
青铜
内部装饰　地面／石灰石
墙壁／薄层水泥涂饰　硬质枫木板　天鹅绒装饰板
顶棚／乳胶状合成树脂涂饰

施工单位：
UETANI

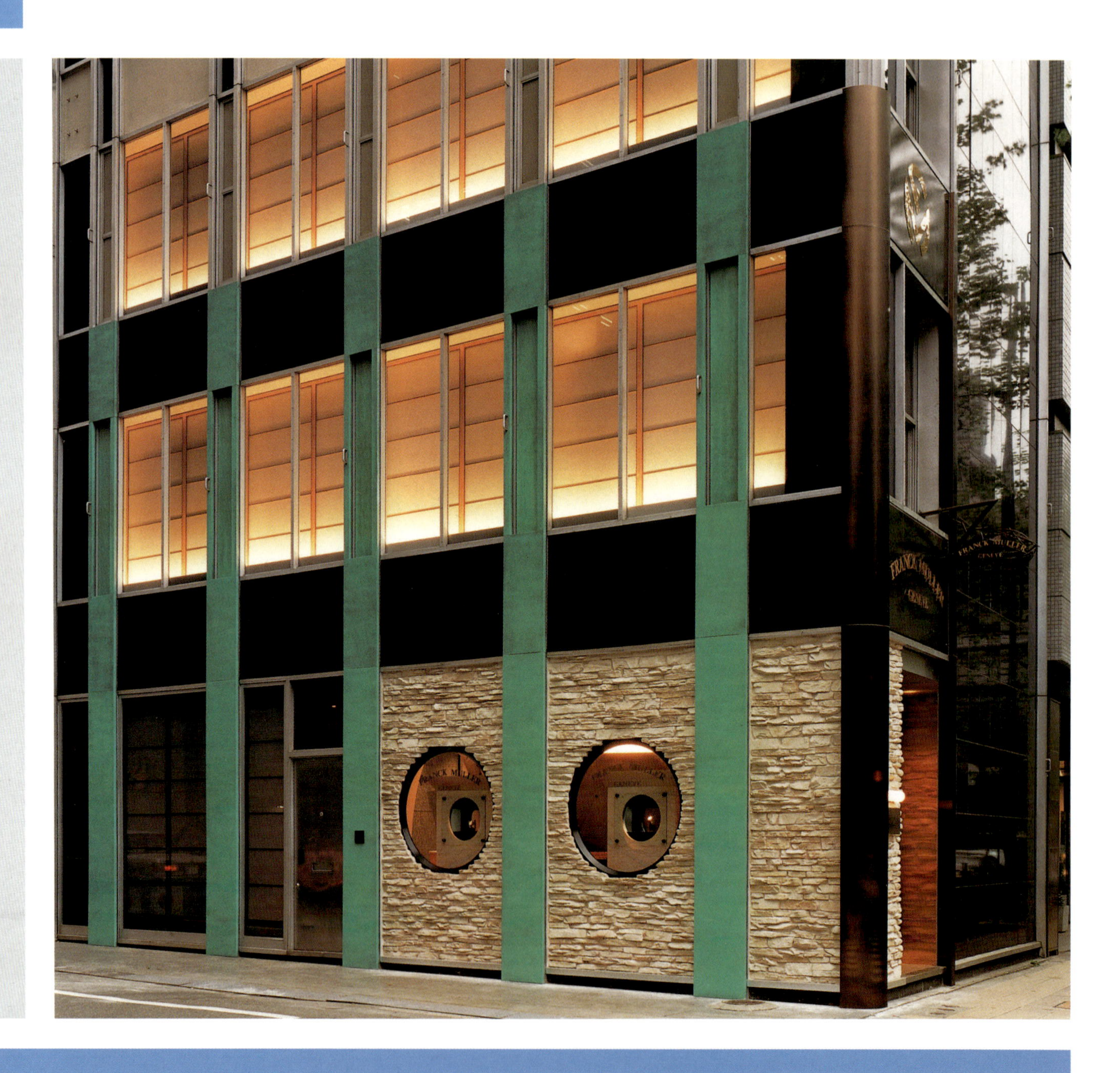

FRANCK MULLER
GENEVE
FRANCK MULLER

饭岛直树

Naoki Iijima

5S NEW YORK（化妆品）

5S 是资生堂向全球市场推出的化妆品。纽约分店是销售 5S 高级化妆品的专卖店。

这个店铺面积大约230m²，由外部围墙和被包围的内部空间所构成。外部围墙由半透明玻璃屏幕组成，并通过光与影像的重叠组合将商品的展示融汇于玻璃围墙中。被玻璃围墙所围合的空间也成了聚集于此的最终消费者的一个开放型交流场所。

设计者：
饭岛直树

简历：
饭岛直树设计室代表

协力：
YOSUKE IMAI

建筑名称：
5S NEW YORK

所在地：
98 PRINCE STREET, NEW YORK, NY10012

建筑面积：
230m²

主要装饰：
地面／着色地板材料铺设(白色)
墙壁／磨砂玻璃　石膏板底基亚克力光漆涂饰
顶棚／百页天花板(油漆着色加工板材装贴)
家具／油漆着色加工板材(白色)

施工单位：
Nomura T&T

摄影：
白鸟美雄

purifying sens
calm sense*

98

5S own your mind and body*

饭岛直树

Naoki Iijima

COSMETIC GARDEN [C]（化妆品）

COSMETIC GARDEN [C] 是资生堂的化妆品展示厅。作为化妆品的展示厅不仅仅是将化妆品加以简单的陈列，最重要的是能为化妆提供一个舒适的环境。

为了能够自由自在地尝试化妆品，除了挂壁式展示柜外，其他都使用可动式家具，从而构成了一个充满轻松自在感的空间。

可以说分散在家具上的化妆品在自由飘荡的空间里表现出一种飘飘悠悠的自由的感觉。

设计者：
饭岛直树

简历：
饭岛直树设计室代表

协力：
秋田宽

建筑名称：
COSMETIC GARDEN [C]

所在地：
东京都涉谷区神宫前4-26-18 1F

建筑面积：
200m²

主要装饰：
地面/白色大理石、石灰石铺设
墙壁/石膏板基层喷涂装饰
顶棚/石膏板基层喷涂装饰
家具/染色枫木材(白色)

施工单位：
美留士

摄影：
白鸟美雄

LANVIN
COSMETIC GARDEN

石田敏明

Toshiaki Ishida

小鲋刺绣店（刺绣丝线）

由于道路拓宽和规划整理，留下了一块长5.7m、宽2.4m的极其狭小的空地。而依业主的要求则是在此狭窄的空地上将自己经营的刺绣店加以重建。建筑物在剖面方向上采用了京都传统民居式布局，正面狭窄而有纵深，通过土间、中庭等共享空间连接各部分。也就是说在空间表现上由平面转移到立体，模糊空间距离，扩大纵深和空间范围。抓住店铺的特征，用橱窗方式将内部空间加以可视化，使之成为外部构成的一个要素。加以精心设计的商店介绍、色彩鲜艳的丝线架和缝纫机械、充满活力的刺绣作业等要素的重叠组合，使内部空间在视觉上获得了纵深，创造出一个崭新的刺绣店形象。

设计者：
石田敏明

简历：
1950年出生于广岛县
1973年毕业于广岛工业大学工学部建筑学科
1973年就职于伊东丰雄建筑设计事务所
1982年设立石田敏明建筑设计事务所
现为前桥工科大学工学部建筑学科教授

构造设计：
tectonic consultant

建筑名称：
小鲋刺绣店(KOB Bldg.)

所在地：
东京都丰岛区

面积：
49.59m²

构造：
钢结构＋钢筋混凝土结构

规模：
地下一层
地上四层

施工单位：
东山工务店

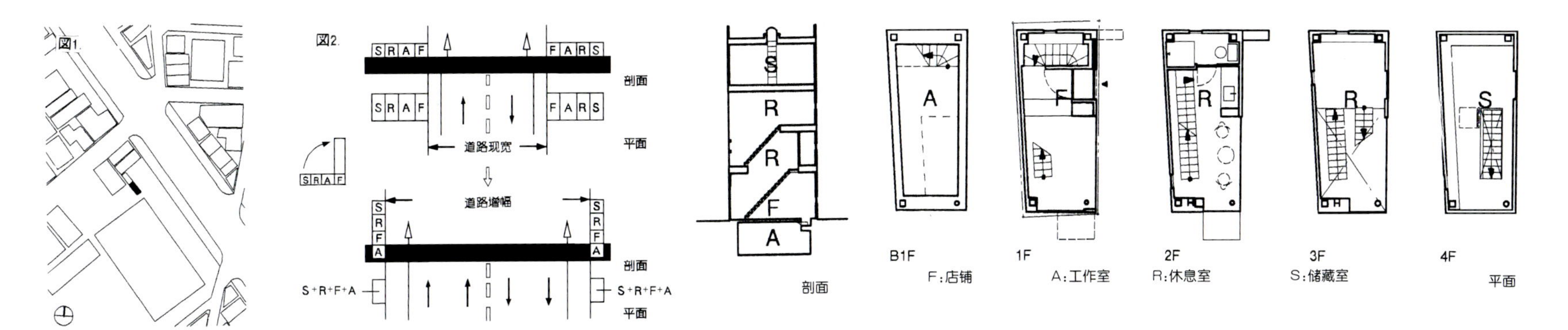
図1
図2
S R A F
F A R S
剖面
平面
道路现宽
道路增幅
S+R+F+A
S
R
F
A
剖面
B1F
1F
2F
3F
4F
F:店铺
A:工作室
R:休息室
S:储藏室
平面

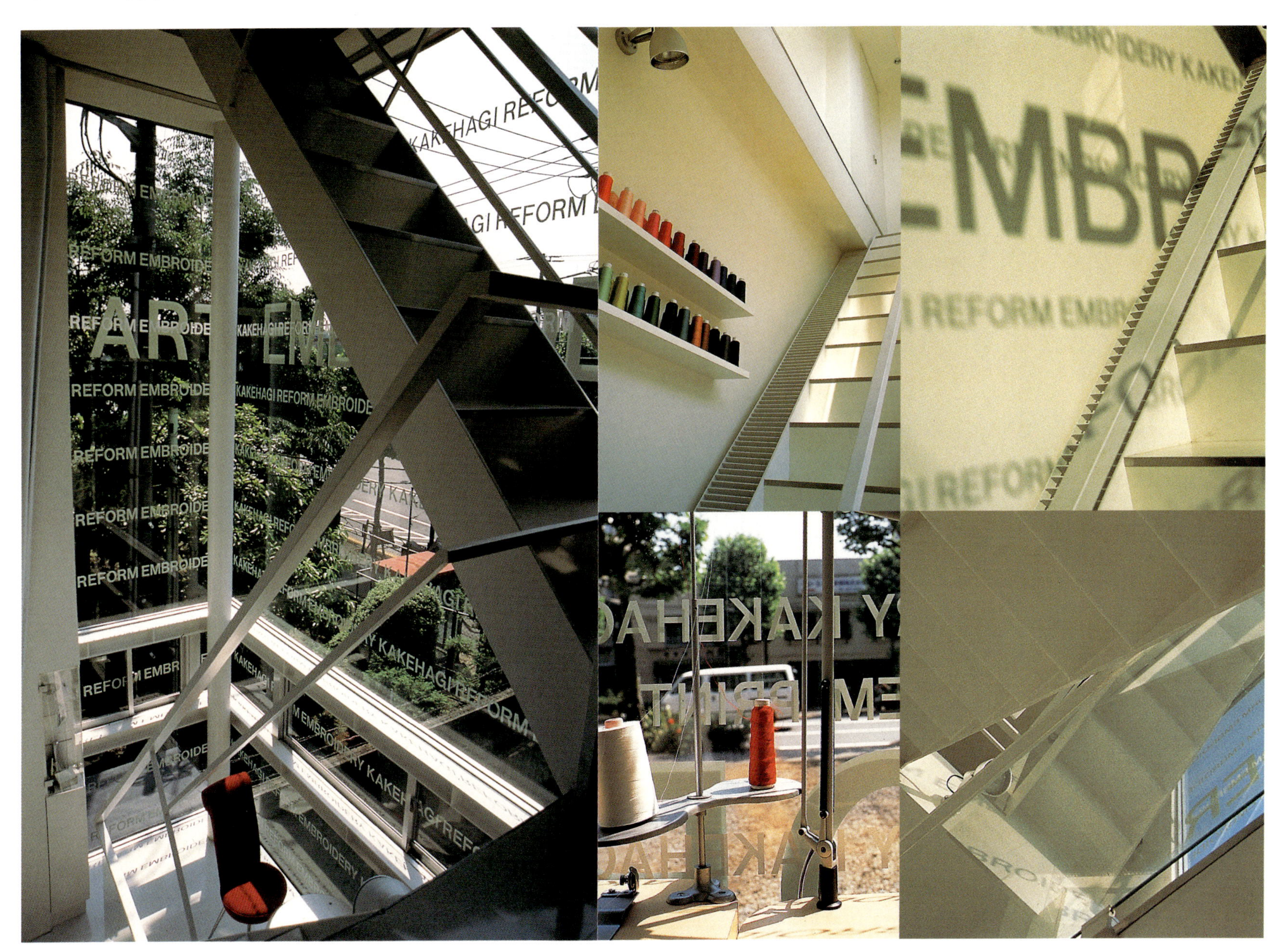

歌一洋

Ichiyo Uta

KING KONG（激光唱片）

KING KONG是一家位于大阪美国村的CD、音带专卖店。设计时遵循了不改变店铺原来的风格和功能的原则，运用想像力创造新的店铺形象。

店铺的设计主题是“音乐和乐器的融合”，以设计者的自身经历为基础。

在材料使用上选择了椴木合成板、油漆、铁丝网等极其普通的东西。特别是CD和唱片的陈列架采用了“直立放置组合”这一单纯而质朴的构造。因此，整个工程也达到了成本低、工期短的效果。

物体的灵活运用创造了回音相绕的空间。营业额收入也是情况良好。这次尝试，将世间对一般事物无所关心的现象加以有效的利用，达到了创造力增强的目的。

设计者：
歌一洋

简历：
1948年出生
1977年设立歌一洋建筑研究所
现为近畿大学副教授

建筑名称：
KING KONG

所在地：
大阪市中央区心齐桥2-9-28 B1F

建筑面积：
338.79m²

主要装饰：
招牌/18mm厚椴木合成板 硬面涂塑加工
地面/3mm厚氯化塑料地砖 500mm×500mm×15mm地板
墙壁/强化金属板　钢丝网贴面
合成树脂涂饰　原有墙壁乳胶状合成树脂涂饰
顶棚/原有混凝土墙乳胶状合成树脂涂饰　铁丝网贴面
家具/椴木合成板　硬面涂塑加工

施工单位：
DEVICE Promotion

大塚则幸

Noriyuki Otsuka

太安堂本店（钟表）

横须贺站附近竣工的太安堂本店是1901年创业的贵金属店，也是贵金属业中的老铺。15年前开始收集老钟表的业务、度过数十年时光的最高级钟表的精密度成为了艺术品，具有无限的魅力。平面由店铺、工房和业主收藏品的展示空间构成，从视觉角度看，客人是用羡慕的眼神仰望商品，而能抵挡这种灼热眼神的也只有陈列柜的玻璃。设计草案多次修改，集中了设计的精华。店中央垂吊下的陈列柜内，陈列着珍贵老式手表。陈列柜的设计是从任何的角度都能清晰的看到商品。一般的贵金属店装修在某种意义上是肤浅的，业主栗崎是这样理解本设计的："时代是历史的积蓄，应该理解时代中最美好的篇章，并超越这个时代。"太安堂本店是展示艺术品的现代美术馆式的空间。

设计者：大塚则幸

简历：大塚则幸设计事务所

建筑名称：
太安堂本店(TAIANDO-HONTEN)

所在地：
神奈川县横须贺市东逸见町1丁目1

建筑面积：78m²

主要装饰：
顶棚/轻钢龙骨12.5mm厚石膏板下底上等细麻布乳胶状合成树脂粉饰
墙壁/轻钢龙骨12.5mm厚石膏板下底上等细麻布乳胶状合成树脂粉饰　洋灰薄涂，局部贴桦木合板陶瓷涂层
地面/店堂　着色灰浆涂饰 贴400mm × 400mm同色瓷砖，着色灰浆涂饰，桦木水性上光处理
博物馆　炉渣混凝土+灰浆下地贴600mm × 600mm石灰挥发性涂料处理
工房　木轴组下地　桦木水性上光处理

照明设计：
USIO SPAX INC. 山口晋司

施工：
DIMENSION 冈本泰治

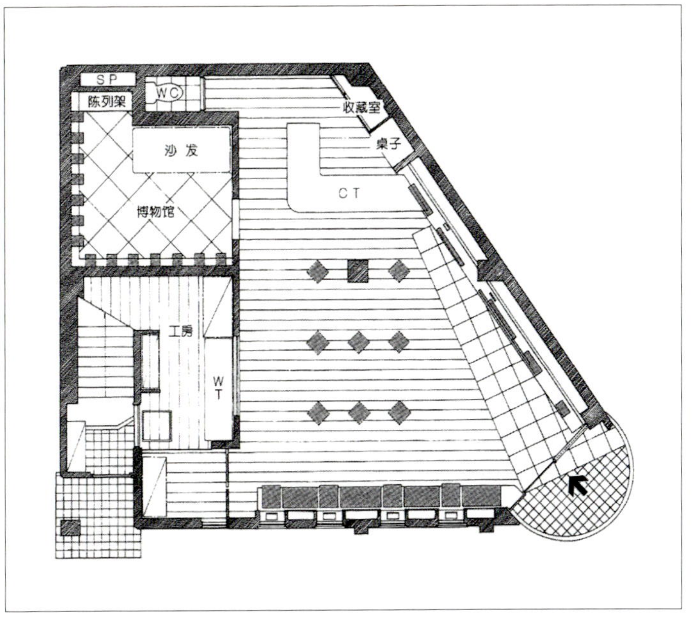
SP
陈列架
WC
收藏室
桌子
沙发
CT
博物馆
工房
WT

神谷利德

Toshinori Kamiya

河口豆腐工房（豆腐）

在设计时首先考虑了冷藏陈列柜的功能表现。店内以木块、石块、灰泥等自然材料为基础，将豆腐特有的朴素感通过造型展示于顾客面前，而不带有任何机械、呆板的感觉。由于这儿的豆腐是当天做当天卖，最理想的是不冻结，不失新鲜，一直保持那种水淋淋的感觉。

首先，在陈列柜里设置了小浅盆用以放碎冰，并稍加倾斜以便于排水。两层陈列架的上层排水管设置在支撑竹子之中。为了便于顾客挑选，陈列架略微前倾，所以水盆就不得不设置在前面。另外，在下垂的墙壁中放置了低温冷风机(8℃)，不光是冰块，从上部另加以冷风吹拂，从而使表面低温管理得到可能。照明器具也隐藏于下垂墙壁和陈列柜的后面，并设法不将光源暴露于外。机械部分为下部开放式，所以不影响检查。应该说这一设计是在不破坏全体氛围的情况下，使功能得到全面发挥。

设计者:(有)神谷设计事务所 神谷利德　山本明弘

简历:1992年6月设立(有)神谷设计事务所

建筑名称:河口豆腐工房(Tofu-Factory KAWAGUCHI)

所在地:爱知县名古屋市昭和区菊园町6-15 1F

建筑面积:63m²(其中作坊29.7m²)

主要装饰:
外墙/灰浆基层　不规则石块装贴　接缝灰浆填补精细加工　美国松木50mm×50mm格子式组合精细加工　龟甲形图钉　外部地面　蓬松灰浆铁质抹子涂抹加工
招牌/蓬松灰浆底基　不规则石块装贴　接缝灰浆填补
踢脚板/美国松木高度150mm　表面涂饰精细加工
河石接缝灰浆填补精细加工高度120mm
墙壁/12mm美国杉木合成板装贴/表面涂饰精细加工龟甲形图钉
顶棚/掺稻草石膏板着色石灰涂饰　石膏板　美国松木　表面涂饰精细加工　格子式顶棚　乳胶状合成树脂涂饰
柜台面/80mm美国松木粗大方材　表面涂饰精细加工

施工单位:(株)大藏屋　市冈正藏

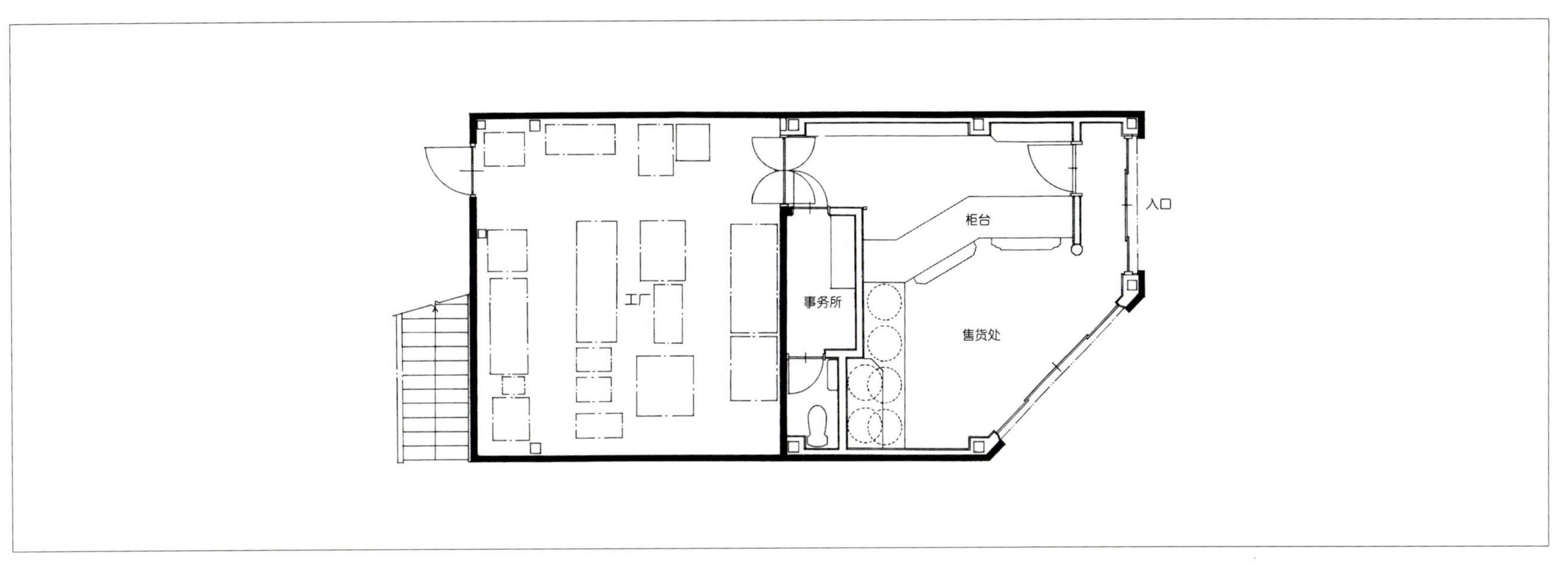
入口
柜台
工厂
事务所
售货处

とうふ工房

小泉诚

Makoto Koizumi

WASALABY（餐具）

店主富冈先生在辞去长期勤务的公司工作后，夫妇俩决定经营一家和式餐具店。富冈先生亲自访问了一些自己喜欢的陶艺家的烧窑，见识了很多的作品。聆听了许多关于陶艺制作的知识。另外，在经过许多街区的调查后，最终选择了“自由之丘”为自己的店铺所在地。“自由之丘”是20多岁女性较多聚集的地区之一，充满活力。店铺虽离车站只有五分多钟的距离，却荡漾着幽静的气氛。店内主要出售店主的个人收藏，虽顾客多为40多岁，但和整个“自由之丘”并不存在任何矛盾。

店铺面积不大。在并不宽敞的店内设置了半开敞式的事务所和收藏柜。并且将顶棚的位置设置得很高，给人以空间向上延伸的感觉。关于用材，从店主的要求出发，主要使用与和式餐具属性融洽的天然材料。对此，并不是有意识地将和式餐具所特有的“和”的风味加以渲染，而是将它的本质的东西在整个空间中给以朴实的表现。

开业后，当看到店内的摆设时，虽没有那种包含了整个世界的感觉，却能留下超越“和”之意识的清馨感。

设计者：
小泉诚

简历：
1960年出生于东京
1990年设立小泉STUDIO

建筑名称：
WASALABY

用途：
和式餐具店

所在地：
东京都自由之丘

建筑面积：
52.87m²

主要装饰：
地面／石灰岩　白灰泥
地板铺设
墙壁/石膏板基层　亚克力光漆涂饰
顶棚/石膏板基层　亚克力光漆涂饰

施工单位：
D.BRAIN

摄影：
Nacása & Partners inc.

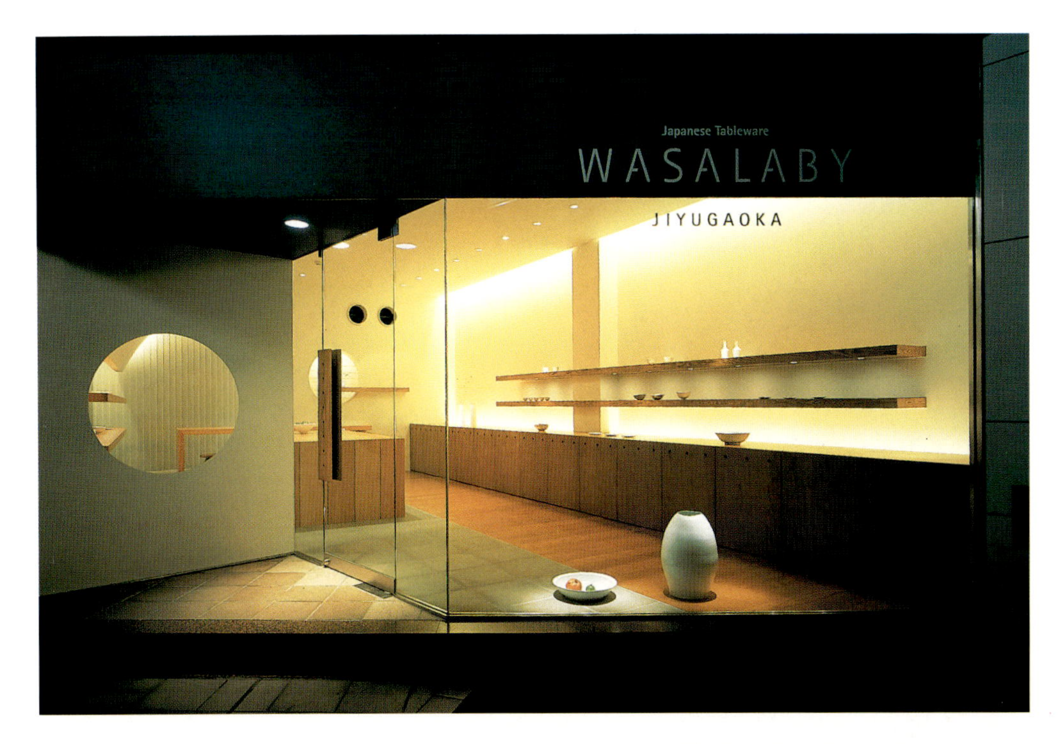
Japanese Tableware
WASALABY
JIYUGAOKA

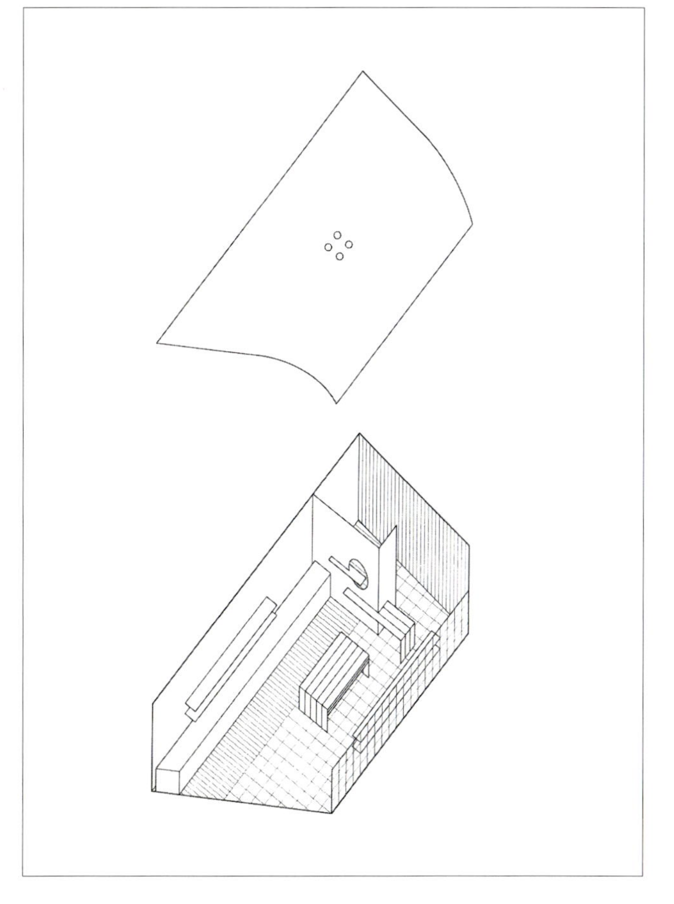

近藤康夫

Yasuo Kondo

CASSINA INTER-DECOR（家具）

CASSINA INTER-DECOR青山本店的二层有800m²的面积，以家具为中心的展示空间，将一个当初为事务所使用的基本构造改建成适合购物空间用的建筑，设计者做了几处尝试。对于楼梯和自动扶梯以及1层开始的入口，长37m的玻璃管状通道设置，以通道为轴线设置了4个多功能的展示空间。以水平面的广阔来弥补层高的不足。为了保持入口、杂物柜台和1层的统一感，多次研讨后形成以木、石、玻璃为主材料，白色为主基调的空间。如果空间和家具是主和客的关系，在不同的时间内，主和客的关系可能发生变化，随着4个多功能展示空间场景的变化，客成为主，“美术馆内的购物空间”作为设计基本概念，购物空间内物品和空间的关系，这种关系正是设计者所要表现的。

设计者：
近藤康夫设计事务所代表者
近藤康夫　夏目知道

简历：
近藤康夫设计事务所代表者

建筑名称：
CASSINA INTER-DECOR

所在地：
东京都港区南青山2丁目12-14 1F 2F

建筑面积：
800m²(二层部分)

主要装饰材料：
地面／灰浆底基　水磨石灰石装贴　木条地板　小叶白蜡树上色
墙面／轻铁组合12.5mm厚石膏板下底　松木材三合板上色
玻璃管状天棚／密胺树脂　透明玻璃加工
隔断／强化玻璃

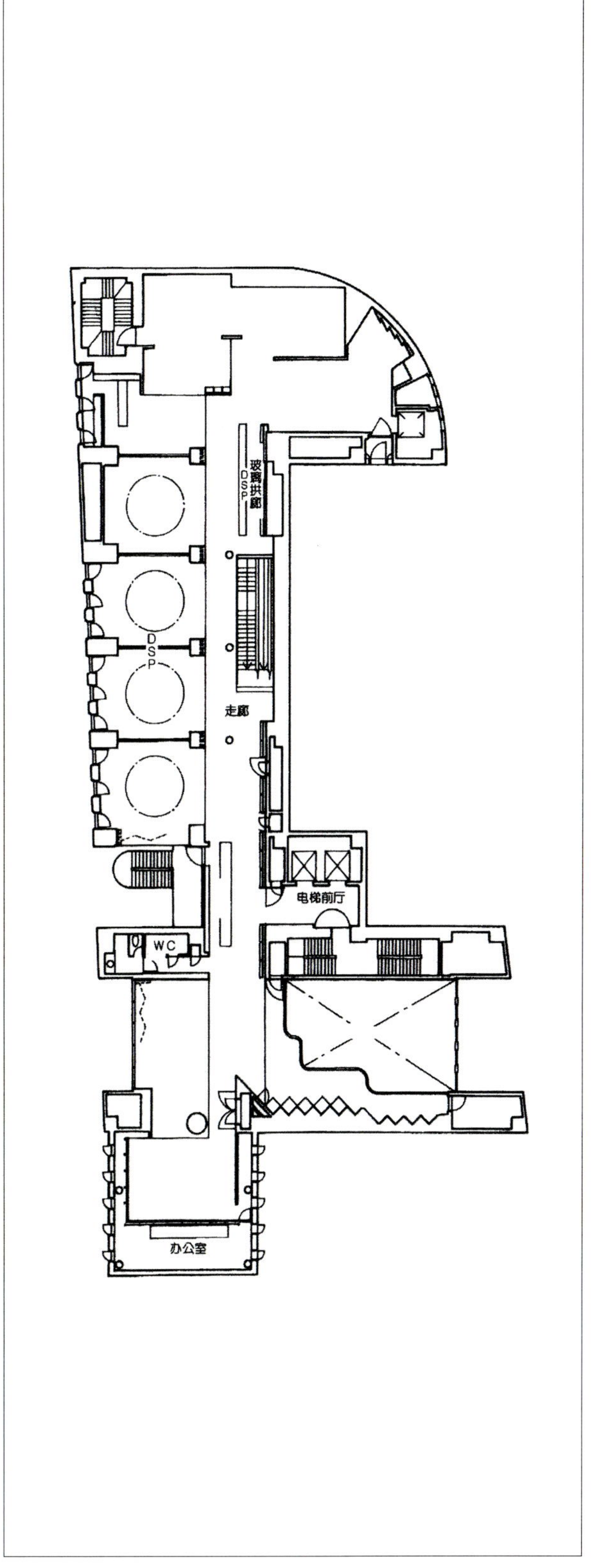
玻璃拱廊
DSP
DSP
走廊
电梯前厅
WC
办公室

佐藤慎也

Shinya Sato

P—DOGS SHOP（明信片）

明信片作为商品，其价值由印刷在明信片上的画和照片所决定。因此，仅仅150mm×150mm的明信片可视作为小型广告画，装饰在墙壁上也是可能的。

P—DOGS SHOP 主要经销这一类明信片。店铺位于JR 高丹寺站高架下的杂居大楼，旁边是印度杂货店和旧唱片店，环境可说是杂乱无章。为了和这种周围环境相对立，店铺的门面全部用于展示明信片。当明信片成为商品时，展示印刷的绘画与照片也就有了其重要性。展示用的屏风使用透明材料，前后都能欣赏到展示的绘画和照片，因此最多可同时展出1430张明信片。

另外，玻璃本身也是构造体。上下两端加以铁条保持了玻璃的形状，与此同时，玻璃也承担了铁条的重量。这一结构说明了玻璃屏风独立于杂居大楼的地面，自身也是一个透明的表现物。

设计者：佐藤慎也　Alan Burden

简历：
佐藤慎也
1968年出生于东京
毕业于日本大学研究生院
现为日本大学理工学部助教
Alan Burden　1960年出生于英国
伦敦大学研究生院毕业
1998年设立STRUCTURED ENVIRONMENT
现为关东学院大学副教授

建筑名称：P—DOGS SHOP

所在地：
东京都杉并区高丹寺南3－70－1 1F

建筑面积：43.11m²

主要装饰：
玻璃屏风/10mm厚透明强化玻璃　合成树脂粉饰铁条
透明有机玻璃 黑色橡胶
明信片架/3mm厚透明有机玻璃

施工单位：
装配与玻璃/Figla
有机玻璃/MOKU·KIN·DO·工艺
铁架/八兴商会

摄影：木田胜久
CG：Zy and partners

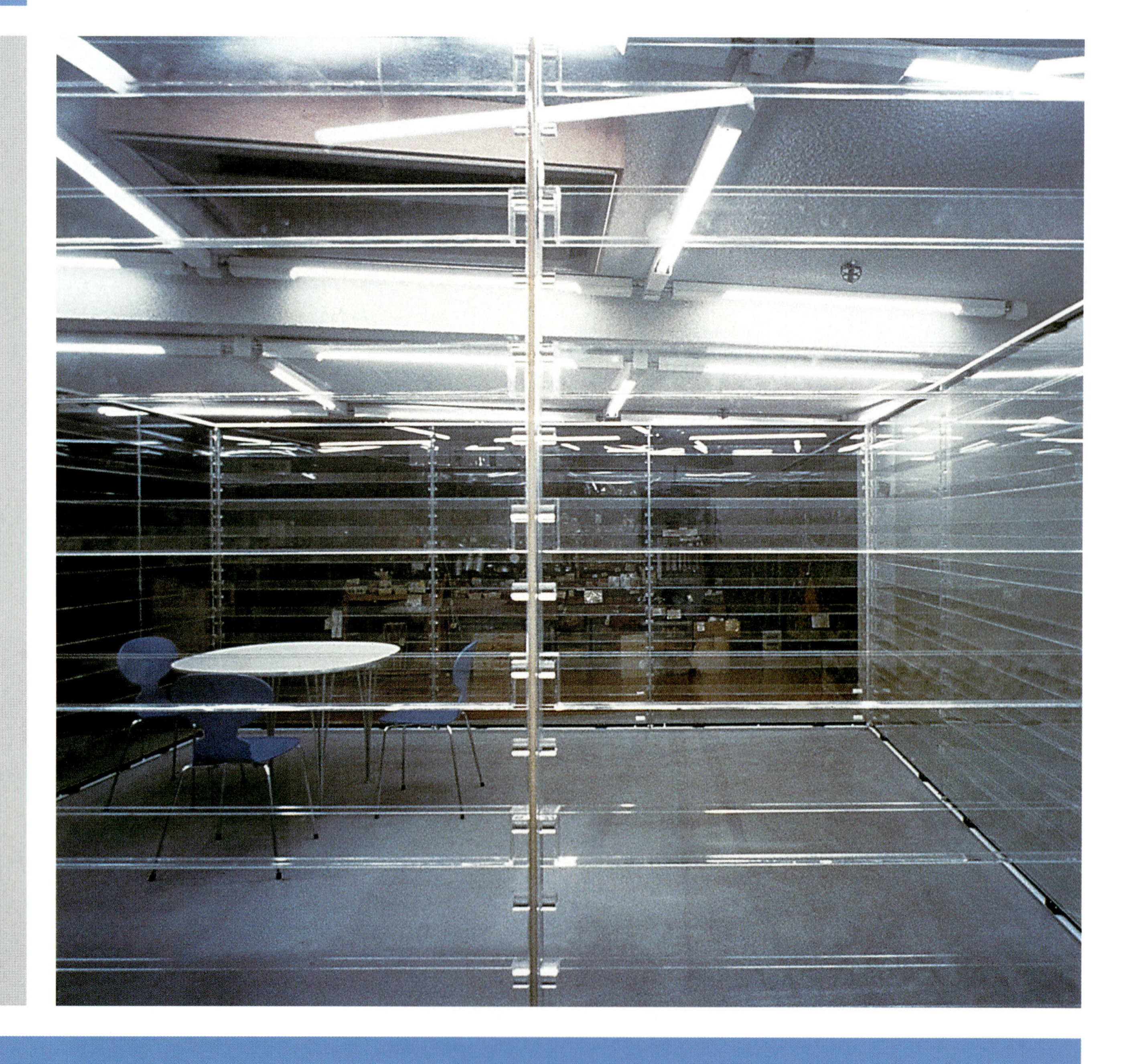

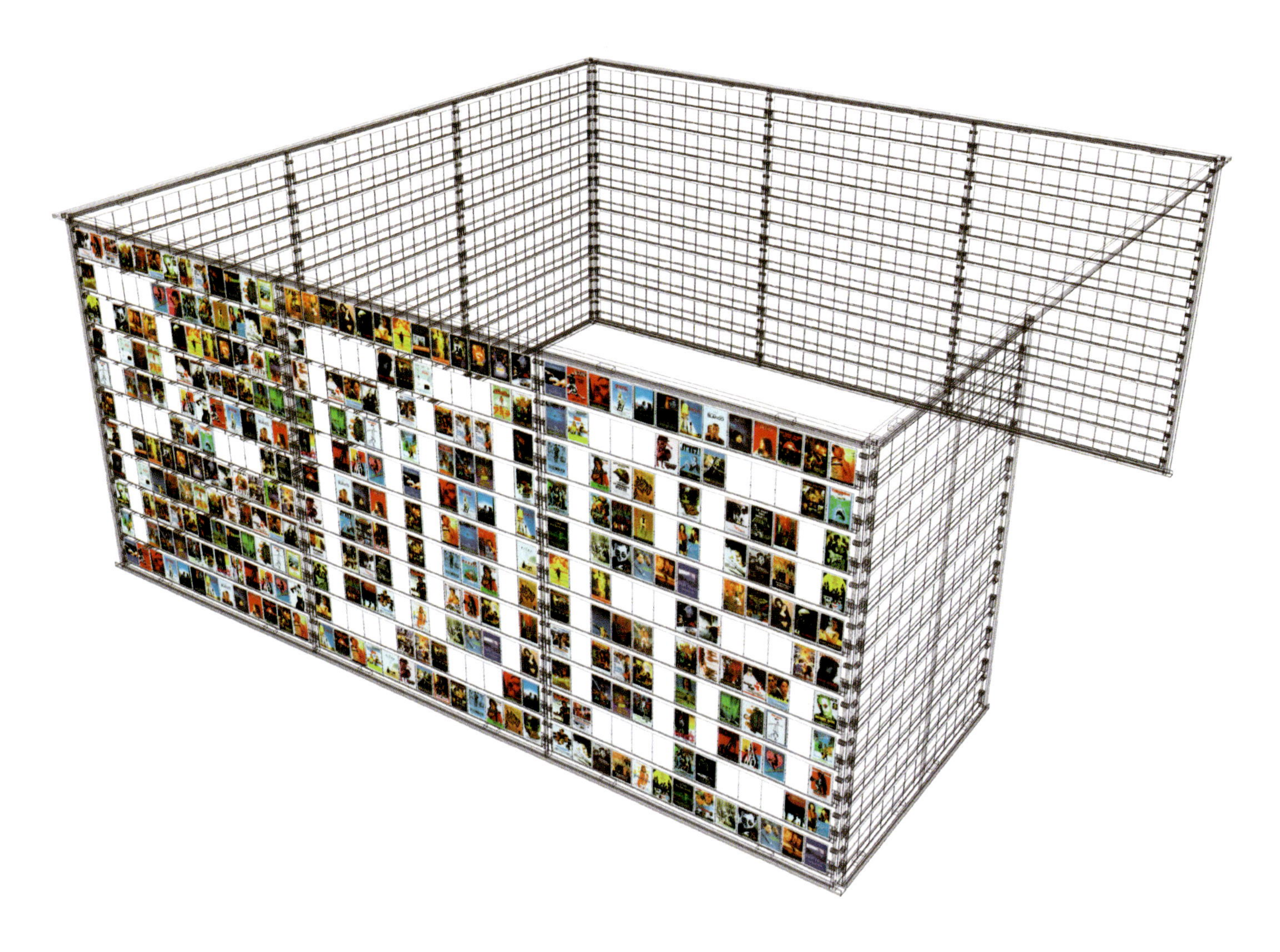

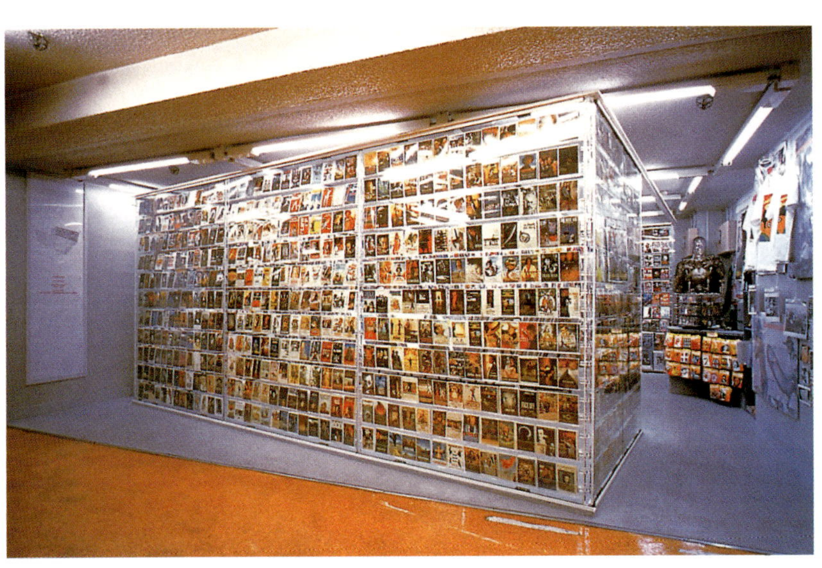

泽清司

Seiji Sawa

FUJI 药局（药品）

FUJI 药局位于古刹连绵的宇治黄檗山万福寺旁，紧靠繁杂的府道。为了适应加速的医药分离，药局主要受理外来药剂处方。随着前来顾客的高龄化，设计上采用了机场跑道式直线型无障碍移动路线。另外，通过开放式咨询使顾客接受有于药的服用说明也是非常重要的。从而原本多为封闭式的处方业务在视觉上得到了开放。

玻璃围墙在倾斜方向的截断，使从结构骨架上分离出来的白色立方体与外部绿化空间得到均衡，并和悬垂空中具有大型橱窗的黑色小立方体通过天桥加以联结，换言之以几何的克莱恩试管暗示了形象的空间连续性，强调店铺透明性的开放式构成。在表现清洁感的白色基调的表层附设了原色铁架，与设定了多个视点的鲜花及绿色庭园相兼容，让前来领取药剂的顾客意识，暂时地飘游在店铺空间之中。

设计者：
实验工房 泽清司

协力：
构造设计／新建技术研究所
米田裕
铁制品／吉田金物　吉田和央
造园／渡边庭园　渡边真也

简历：
实验工房 一级建筑师事务所
主宰

建筑名称：
FUJI药局(FUJI PHARMACY)

所在地：
京都府宇治五ヶ庄新开 11－26

面积：
119.93m²

主要装饰：
地面　1F／橡胶瓷砖铺设
2F／马赛克铺设
墙壁／12.5mm厚石膏板基层墙纸装贴
顶棚／9.5mm厚石膏板基层电解着色铝板装贴

施工单位：
山口工务店

摄影：
川元齐

FUJI PHARMACY
フジ薬局

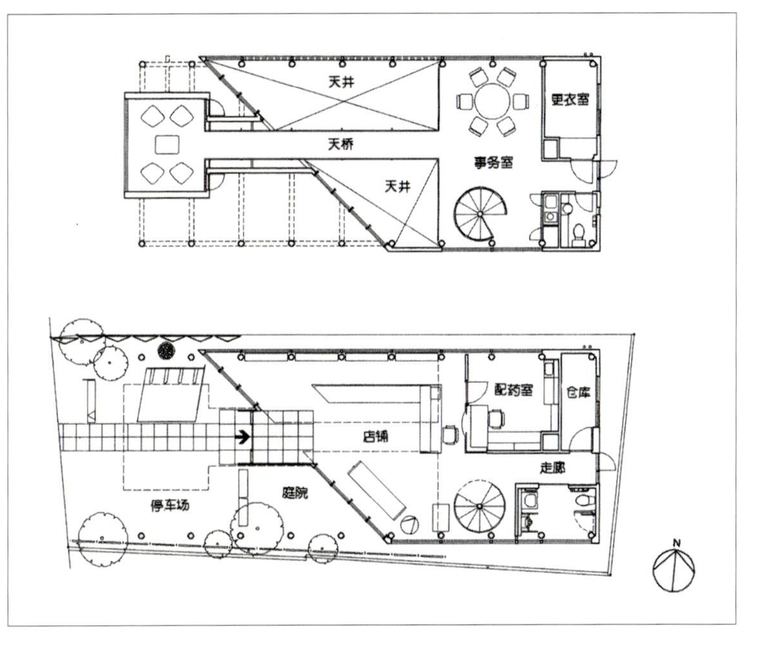
天井
更衣室
天桥
事务室
天井
配药室
仓库
店铺
走廊
庭院
停车场
N

繁田英纪

Hideki Shigeta

ROLEX AT F.COLLECTION（钟表）

从劳力士的古董到现代作品，整个布局使顾客能清楚、仔细、完整地领略到劳力士的风采。而且，“既是店铺又不同于店铺，既是商品又不同于商品”的设计思想贯穿了整个空间设计。由于店铺所在建筑物建于较早时期，所以在装修上采用了欧洲风格，一层入口大厅的两侧保持原样，只将入口大门加以重新装修。在陈列方式上放弃了玻璃陈列柜，而是综合商品的不同风格、形态，使用木制精细加工陈列柜，达到具体、鲜明的表现目的。在照明手法上，也没有使用一般的聚光灯直接照明，通过整体间接照明反而给商品的个性和功能所内含的装饰性又增添了一层优雅高贵的面纱。装饰材料选用了石灰墙、精制木材、和纸等“和式”材料、并将材料所拥有的自然色彩和质感融汇于空间构成中。这些材料虽说不上有禁欲目的，但在装饰加工上留意了质朴的摩登。

设计者：
(株) ACT 繁田英纪　中尾次成

简历：(株) ACT 代表

建筑名称：
ROLEX AT F.COLLECTION

所在地：大阪府大阪市中央区东心斋桥1丁目16-12

面积：$53m^2$

主要装饰：
外墙／黑色铁皮　表面精细加工
入口大门／铁框镀密胺树脂掺和纸玻璃　照明内藏
地面／灰浆基层　黑色花岗石 400mm × 400mm
樱花木地板材 150mm × 150mm
墙壁／19mm厚石膏板接缝处理基层　石灰涂饰　局部 400mm × 400mm水磨石灰石贴面
顶棚／19mm厚石膏板接缝处理基层　石灰涂饰
家具　柜台／美国松木　透明玻璃
陈列柜／铝材　防腐加工
收藏柜门／有机玻璃　和纸贴面

施工单位：SHIFT

摄影：
Nacása & Partners inc.

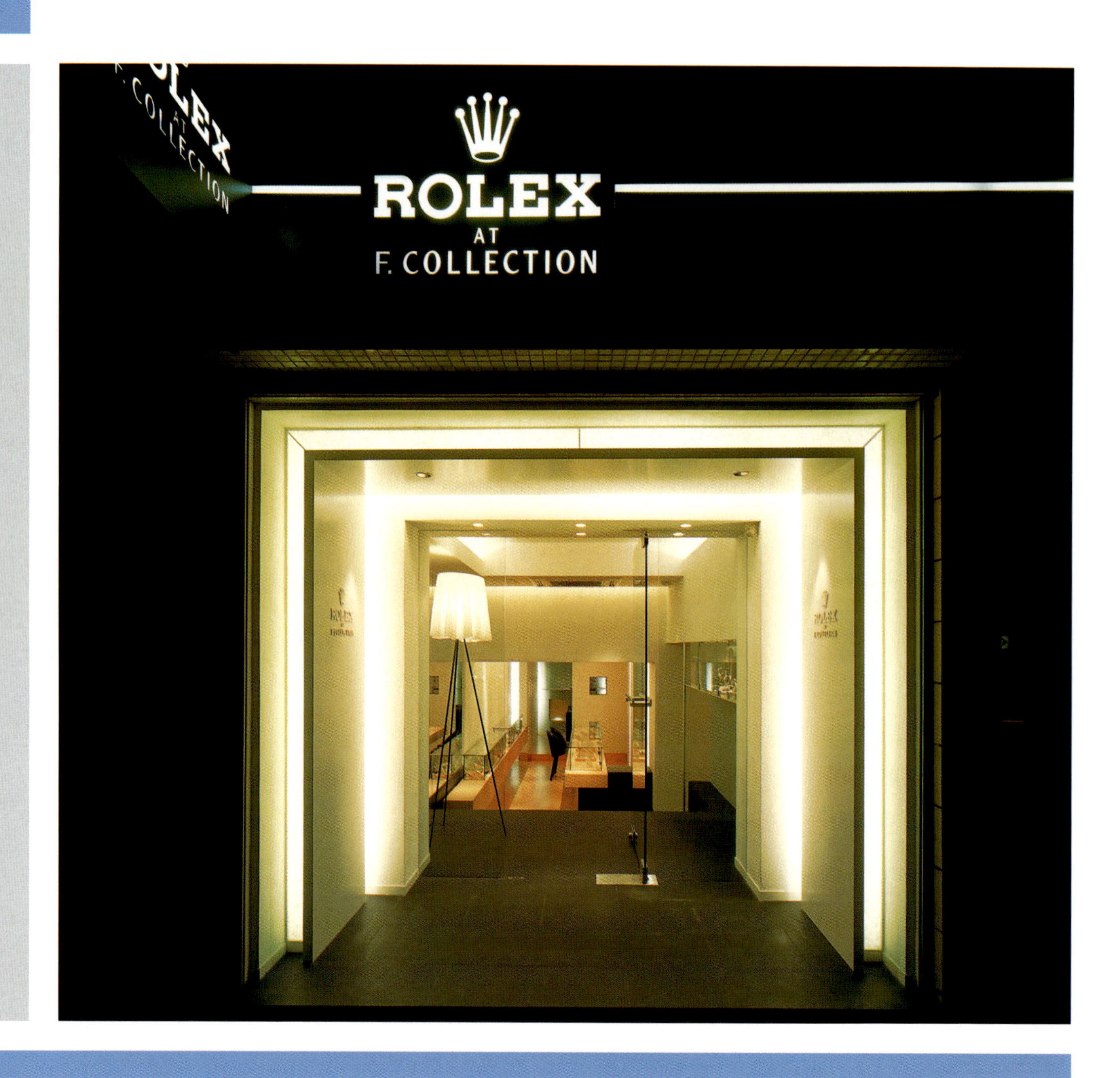

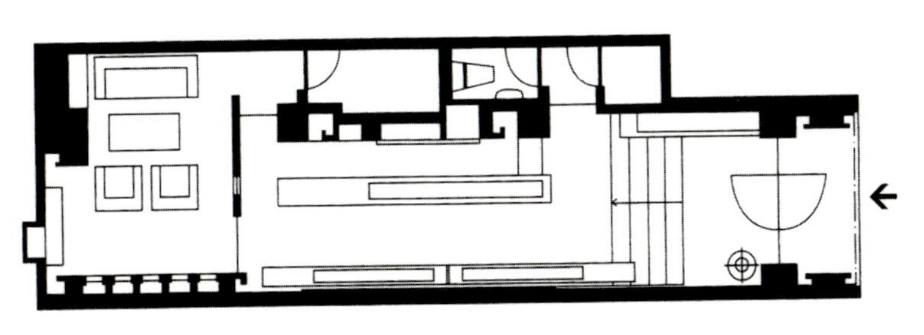

清水文夫

Fumio Shimizu

枯淡（日本杂货）

“枯淡”是九州的特别精品城，全馆就像街区构成的小都市一样，各种各样的立面和大小广场、小道附近形成的空间，将内部空间设计成具有和风的精品店铺时，想应用设计者去年在“和的书房展”时作为实验所用的竹编的屏风、纸的墙壁和桐木的书架。具有开放感和透明感，内部是具有高尚品格的设计。“枯淡”三面向着道路，一面使用竹编的屏风，将客人引入朦胧的店内，在面对小道的一面，在陈列壁上开小窗。在移动中，店内的风景随之变化，在最狭窄的正面设置了招牌。为了表现出“枯淡”的内在形象，在商品的形、色、美上一点一点表现出，并使用了特殊的照明。为了使空间整体具有柔和的感觉，墙面使用和纸多重装饰，墙壁内加入了藻类，追求传统和和风融和的空间。

设计者：
清水文夫 THE EARTH ASSOCIATES

简历：
芝浦工大、伦敦AA SCHOOL、米兰工科大学学习建筑

建筑名称：
枯淡(COTAN)

所在地：
福冈县福冈市博多区下川端3-1 4F

建筑面积：
75.3m²

主要装饰：
顶棚／轻钢组合12.5mm厚石膏板　上等细麻布上浆处理　亚克力光漆涂饰
墙壁／轻钢组合12.5mm厚石膏板　上等细麻布上浆处理亚克力光漆涂饰　灰浆基层贴水磨石灰石
地面／灰浆基层贴水磨石灰石

施工：
ZENIYA

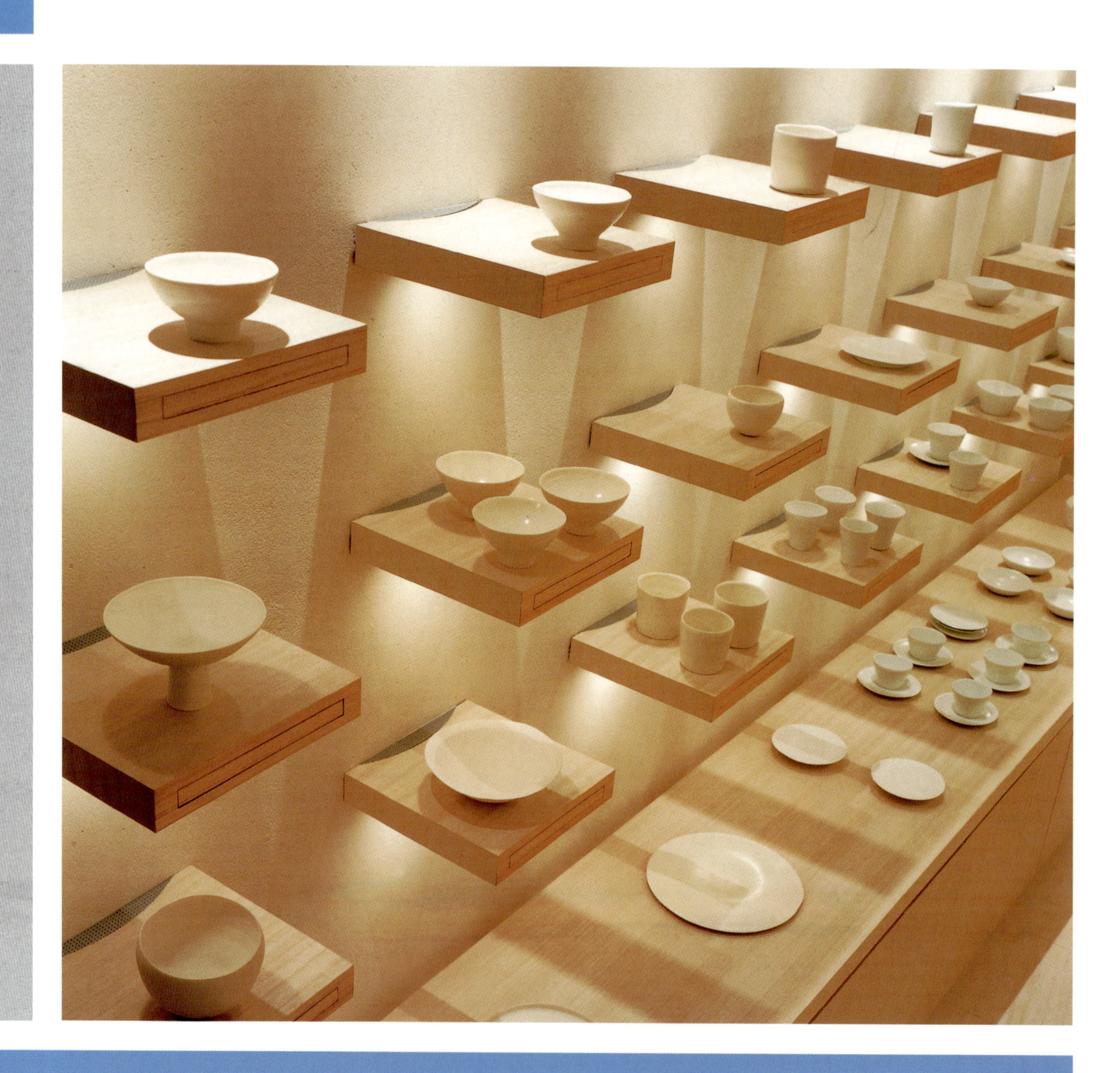

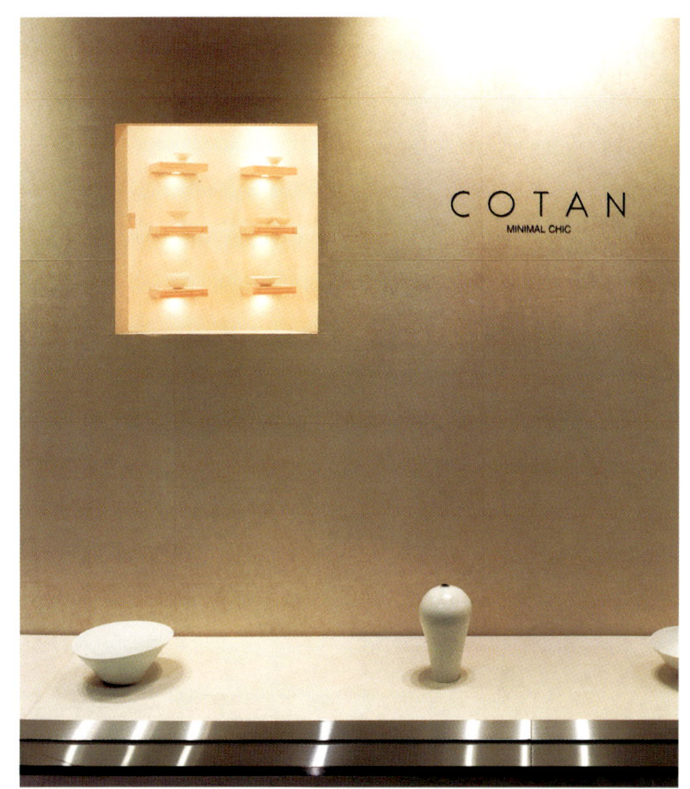
COTAN
MINIMAL CHIC

COTAN

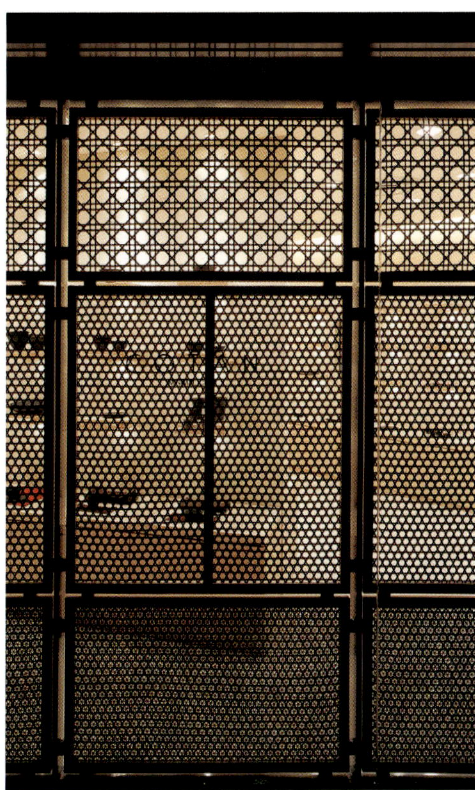

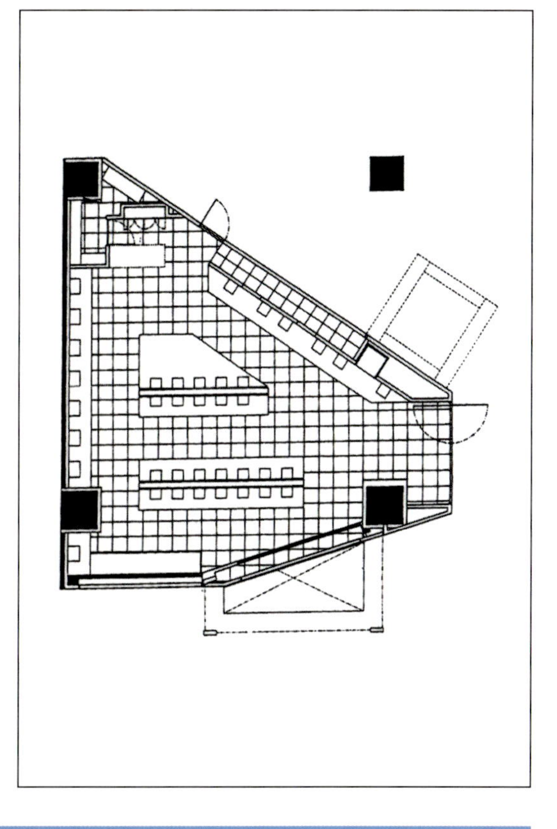

高桥俊介

Shunsuke Takahashi

L'EPICIER（红茶）

一说到专卖店，大多数人都有一种敬而远之的感觉。为了改变这种现象，公司职员经过反复讨论，决定了最终的设计方针。

首先是消除顾客的困惑。当顾客最初进入店内时多少有些紧张，而来到“L'EPICIER”的顾客即使不与店员搭话，也能毫无顾虑地试看红茶样品，品尝香味。

其次是让顾客在浏览中得到乐趣。通过特殊的摆设，丰富的茶叶种类一目了然，并勾起顾客的兴趣。

最后是让顾客在店内能自由自在地浏览。运用博物馆、商品交易会等展览空间的设计手法，使顾客在浏览的同时不知不觉地详细了解有关茶叶的知识。

所以整个店铺的设计采用了法国南部明亮、舒畅的商馆形象。作为世界各地名贵红茶的集散地，来到“L'EPICIER”的顾客定能寻觅到一些珍奇的东西。

设计者：
高桥俊介

简历：
1952年出生
1976年毕业于东京大学工学部建筑科
1980年先后在哥伦比亚大学、哈佛大学取得硕士学位
现为TEN FEI ASSOCIATES & ARCHITECTS INC 代表

建筑名称：
L'EPICIER

所在地：
东京都涉谷区千驮ヶ谷1-28-1 B1F

面积：
281.66m²

主要装饰：
天然樱花木

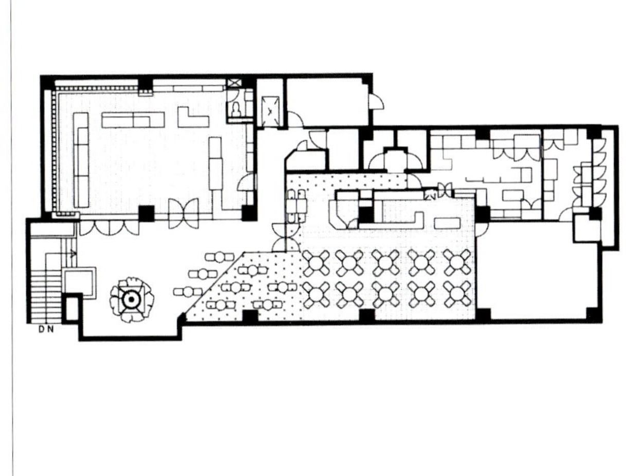
DN

L'EPICIER

L'EPICIER

高山不二夫

Fujio Takayama

CAMUI（鞋类）

店铺位于东京银座，面向主干道路。门面为3m，面积大约40m²。由于整个空间呈盒状，在对外表现时使用了骨架和色调变化相结合的手法。内部空间则突出了视觉上的有趣性。

连接一层和二层的楼梯使用单臂悬挂式，并让光线透过墙壁和顶棚，使整个楼梯空间拥有了透明感和纵深感，也把楼梯和各层楼面的空间有效地进行了融合。另外，当透过玻璃墙看店内时，由于玻璃表面都装贴了薄型和纸，因此，更能体会到一种扑朔迷离的感觉

所以，这个小小的盒子至今仍放射着耀眼的光芒。

设计者：
高山不二夫

简历：
1956年出生
金泽工业大学建筑学科毕业
设立高山不二夫设计研究所

建筑名称：CAMUI

所在地：
东京都中央区银座3-5-5

面积：83.64m²

主要装饰：
外墙／铝板淬火加工
外部地面／花岗石
内部地面／大理石
楼梯／单臂悬挂式大理石
墙壁／和纸装贴
屏风／透明丙烯玻璃和纸装贴
顶棚／和纸装贴
楼梯顶棚／透明丙烯玻璃和纸装贴
顶棚照明／高亮度3500k
间接照明／S型4000k
柜台／人造大理石
陈列柜　柜脚/铁管和纸装贴
　　　　柜板／透明玻璃和纸装贴
招牌　精细印刷

施工者：
(株)MESSE 和田清

摄影：
Nacása & Partners inc.

Camui
water
massage
DUNKIN'

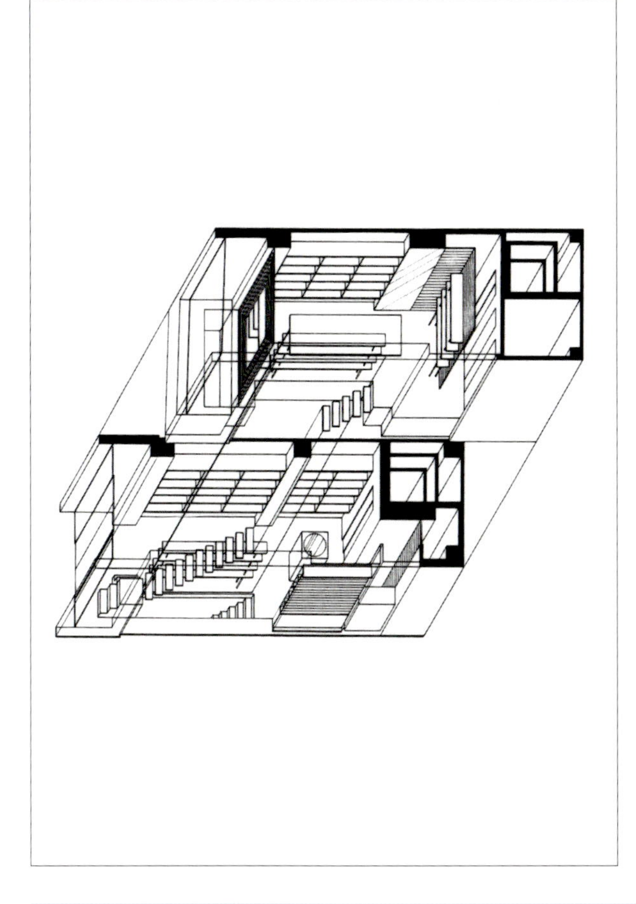

田村雅夫

Masao Tamura

I-MEX （杂货）

“I-MEX”位于日本有名的HARIMAYA桥北面的追手筋。面向道路的店铺以前是花店，内装修大都可延用。所以设计上尽量使用既存内装修，减少金额支出。

店铺不算宽敞，也无纵深感。因此放弃了浓厚的装饰手法，而追求淳朴温馨的空间创作，只对两侧墙面的陈列架作简单设计。最终决定材料为打孔装饰板，通过整体弯曲加工，产生出缓和的曲线。设置于背面的间接照明突出了整体统一感。另外为了尽量增强店铺的宽敞性，正面深处全部装贴了镜面玻璃。整个店内被日本传统薄香色灯光所包围，无数小孔流露出的光线如同电影《星球大战》中的宇宙船正在作超光速飞行。夕阳西下时，店内又飘荡着夜晚的氛围，店内的光芒变得更加耀眼，作为街道的照明深深地残留在行人的心目中。

设计者：
田村雅夫

建筑名称：
I-MEX

所在地：
高知县高知市追手筋1丁目
3-11 1F

面积：
26.72m²

主要装饰：
地面／既存地板加以美化装饰
墙壁／既存墙壁塑料光漆加工　局部镜面玻璃装贴
顶棚／既存顶棚塑料光漆加工

施工单位：
三和店装　平松裕之

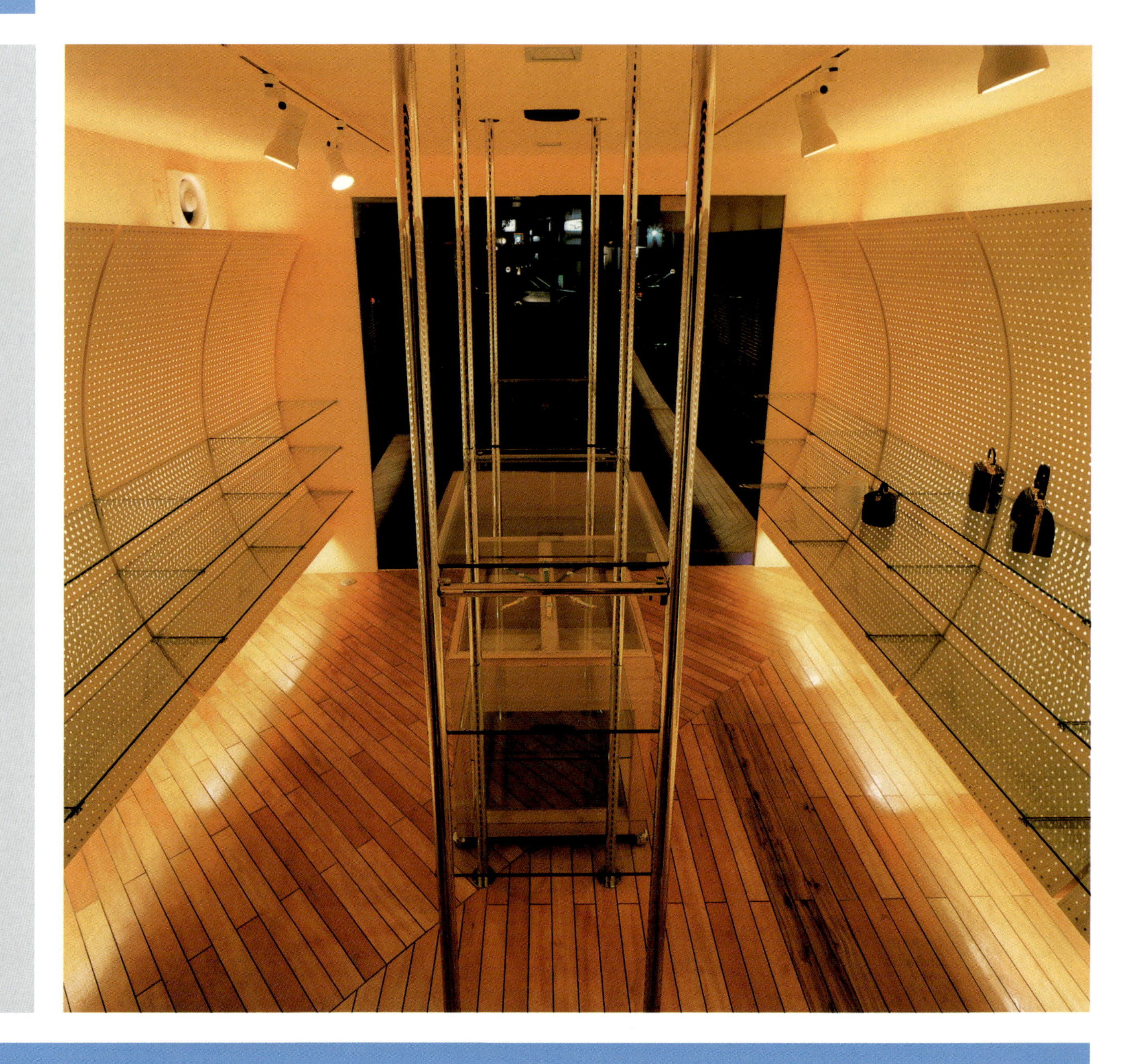

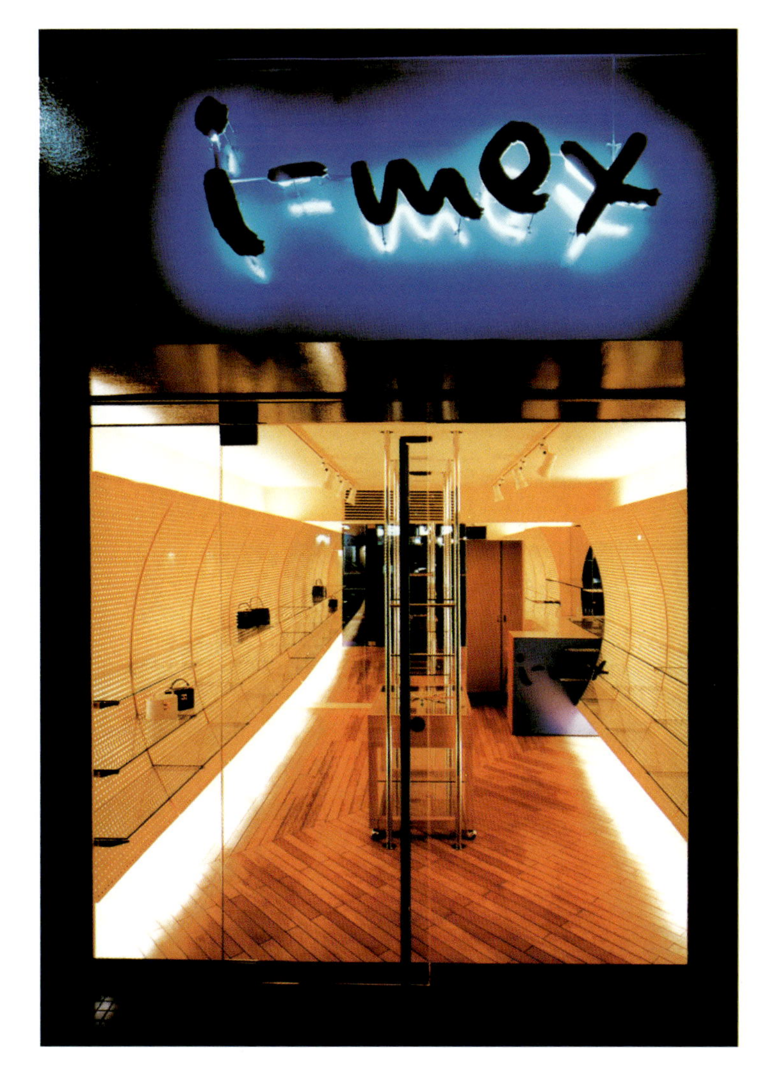
i-mex

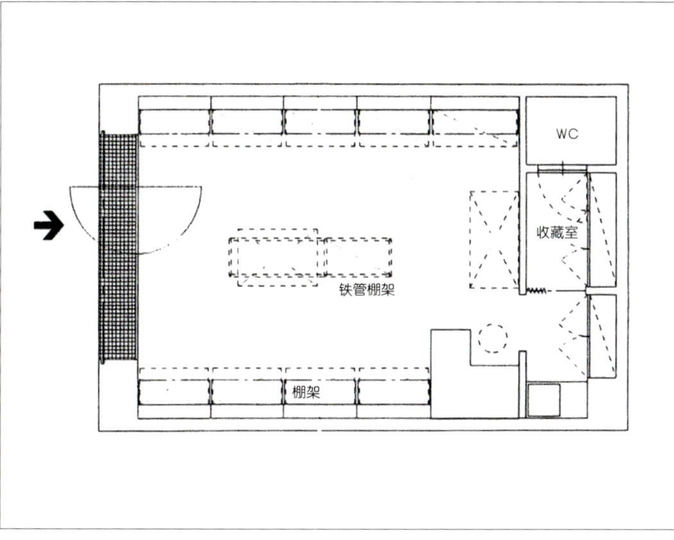
WC
收藏室
铁管棚架
棚架

千叶雅之

Masayuki Chiba

宫崎屋（酒类）

店铺一层给人以亲临啤酒工厂的感觉。将西式菜肴厨师在厨房中烹饪时的精力充沛之感引入店内，并把生啤酒桶直接陈列其中。材料上选用了不锈钢和白色瓷砖，饮料专用冷藏柜也全部采用不锈钢。高亮度的混合照明表现出白昼的光芒，不锈钢与白色瓷砖组成的地面创造出清洁感和酷感，给各种种类的瓶罐蒙上一层紧张的气氛。地下一层专卖日本酒和葡萄酒，与一层店铺不同的是通过展示仓库和冷藏库表现了酒所拥有的年代感、历史感、时代感。地面铺设了300年前的英国松木材和镀铜铁板，顶棚采用了躯体外露的手法，横梁则是飞蝉高山的古木材。镀铜H型钢制成的日本酒酒柜和不锈钢质地代用冷藏柜表现出一种游玩的心境。

设计者：
千叶雅之 M & Associates

简历：
店铺企画·设计公司 M & Associates代表

建筑名称：
宫崎屋(MIYAZAKIYA)

所在地：
东京都世田谷区成城6-9-1

面积：
1层 76m²
地下1层 130m²

主要装饰：
地面 1层/砖块基层 瓷砖铺设
2层/古式风梨木地板材

施工单位：
(内装)新工艺

宮崎屋

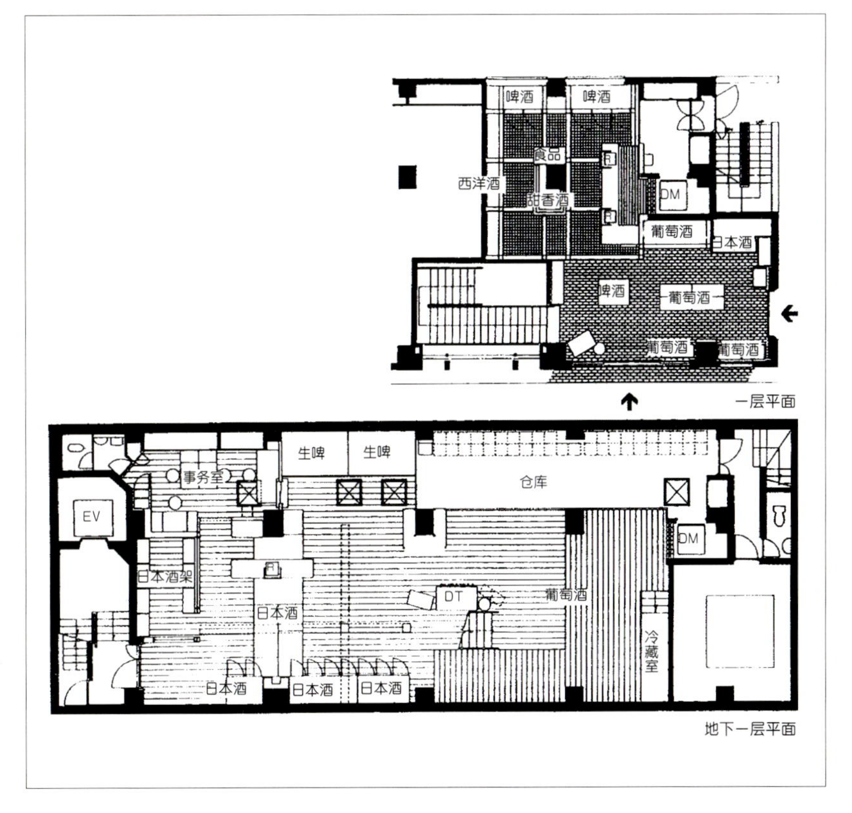
啤酒
啤酒
食品
西洋酒
甜香酒
DM
葡萄酒
日本酒
啤酒
葡萄酒
葡萄酒
葡萄酒
一层平面
生啤
生啤
事务室
仓库
EV
DM
日本酒架
DT
葡萄酒
日本酒
冷藏室
日本酒
日本酒
日本酒
地下一层平面

西滨浩次

Kohji Nishihama

山归来（杂货）

山归来是位于一幢事务大楼一层的室内装饰用品店。由于是第一次开店营业，到店铺纳入轨道为止，店铺又将兼作为业主的住居。当初，业主的意向是将前半部用作店铺，后部为自己的住居。但两方都狭窄而不完整，所以在设计时通过与时间的对应将功能和空间加以重复使用。

营业时只将用水部、睡床隔开，其他的部分都作为店铺使用。关门后，用大拉门隔开店铺的后部空间作为住居使用。前部的店铺即使在关门后从外部也能看见，而后部的居住生活的个人私密也得到了保证。这种可变式构造对于将来的住居向店铺的扩充也相当容易。

外装墙(入口门)采用回转式，营业时作为陈列架被利用。右面墙壁的小型波浪状石板上开了一些小穴用以展示小作品，对面是连续的白色柱廊。立柱之间是展示架，脚根处铺设了白砂，立柱本身又是单面开合商品贮藏柜。这些空间又通过杉木材立柱横梁骨架得以连接。整个骨架支持了墙壁和门窗，门帘与细长陈列柜也得到了活用。

设计者：
西滨浩次

简历：
(株)COMPAS ARCHI-TECTS CO., LTD 代表

建筑名称：
山归来(SANKIRAI)

所在地：
兵库县西宫市门户庄9-16 1F

建筑面积：
56.59m^2

主要装饰：
外装／杉木板表面加工 铝质拱肩
地面／掺砂白色灰浆涂抹
墙壁／丙烯树脂喷涂
小型波浪状石板亚克力光漆涂饰
柱梁／杉木
顶棚／混凝土
照明／线形管道 聚光灯

施工单位：
(株)冈崎建设
(有)新家建具店

くらし工房
山帰来

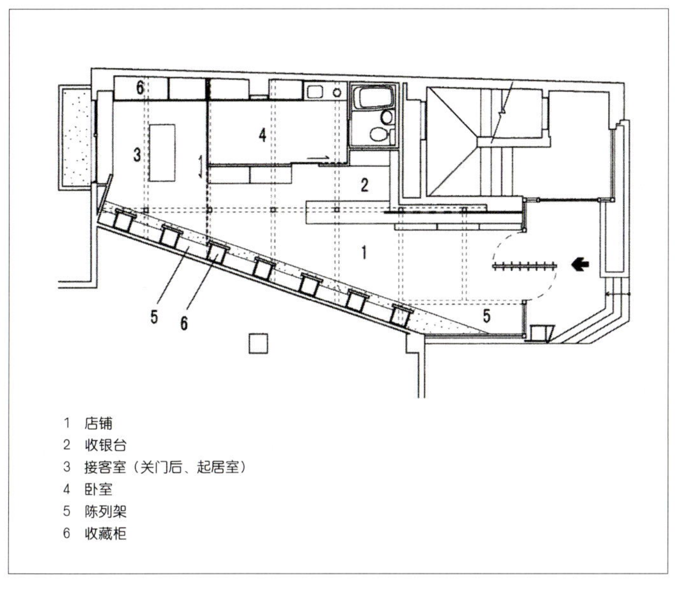
1
2
3
4
5
6
1 店铺
2 收银台
3 接客室（关门后、起居室）
4 卧室
5 陈列架
6 收藏柜

西胁一郎

Ichiro Nishiwaki

VIRGO（宝石）

这是一家主要经营珍珠的专卖店，同时也经营独自设计的商品。因为店址在繁华街旁复合商业大厦的二层，各种专买店集中在这里，为了同邻近的店铺有所区别，尽可能地将开口部开放，使路过的客人不仅可以看到内部丰富的商品，同时还可以增加安心感，通常采取将主要的宝石柜内的商品尽量放亮的处理，而这次将宝石柜当作舞台来考虑，造成整个舞台就像飘浮在宇宙之中一样。内部空间的色彩为蓝色，店内的一部分以蓝色为重点的象征，这种蓝色的层次是由珍珠化涂装后，配置在店内各处，制造出商品以外的华丽和指南的印象。出售的商品，接客空间的重要因素家具等，都是业主的爱好品，挑选高级的家具布置。空间的构成上，照明计划是重要的因素，地灯、聚光灯以外为了制造另一种气氛，一条用迷你灯球的细长照明纵横天花，恰似并列的珍珠一样表现出来。

设计者：
西胁一郎

简历：
(有)西胁一郎设计事务所代表者
(有)N PLANNING 代表
专门学校桑泽设计研究所讲师

建筑名称：
VIRGO

所在地：
东京都港区六本木6-6-9 2F

建筑面积：
84.5m^2

主要装饰：
顶棚、墙壁／亚克力光漆　涂装 特殊涂装
地面／贴既存大理石　局部贴木制地板
照明器具／吊灯、桌灯
日用器具本体／木下底，珍珠化细刷涂装
脚／不锈钢下底　银色金属涂装
柜台／透明玻璃　粘合剂
间接光／细长灯光

施工：
(株)本州建设
日用器具制作／(株)SPACE INDUSTRY

VIRGO

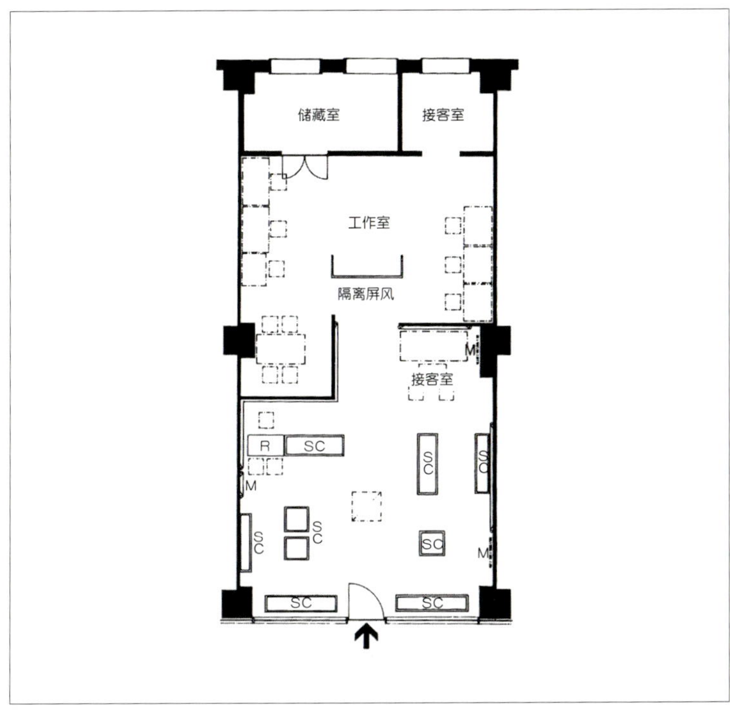
储藏室
接客室
工作室
隔离屏风
接客室
R
SC
M
SC
SC
SC
SC
SC
M
SC
SC

VIRGO
VIRGO
VIRGO
VIRGO

野井成正

Shigemasa Noi

LISN (薰香)

京都的香料老铺松荣堂为了在普通的生活空间里演示出一个新鲜的空间，让更多的年轻人领略到熏香的魅力，在京都北山通开设了香料专卖店“LISN”。

熏香所特有的那种传统的、给人以冥想的形象和宁静的浮游感通过整个店铺的空间得到了充足的表现。

由香味引发出的波浪－层次－闪耀的形象逐渐向壁面、桌子、分割板、垂吊式顶棚转移。由曲线构成的室内装潢的流动、质感朴素的单一空间，通过间接照明所产生的光和影的波浪，构成了一个连续－流动－扩展的流动空间。

陶质地砖和灰泥加工的空间，加上透明玻璃桌面的流畅线条，给人以紧张感，更通过材质的对比，突出了美的存在。

设计者：
野井成正

简历：
(株)野井成正设计事务所代表

建筑名称：
LISN

所在地：
京都府京都市北区北山通下鸭中通上

建筑面积：
64.9m²

主要装饰：
地面／陶质地砖铺设
墙壁／灰泥铁抹子涂抹加工
波型墙(陈列柜部分的墙面也同样加工)
顶棚／乳胶状合成树脂涂饰
陈列柜／柜台面／透明玻璃
柜台侧面／灰泥铁抹子涂抹加工

施工单位：
公成建设 GL

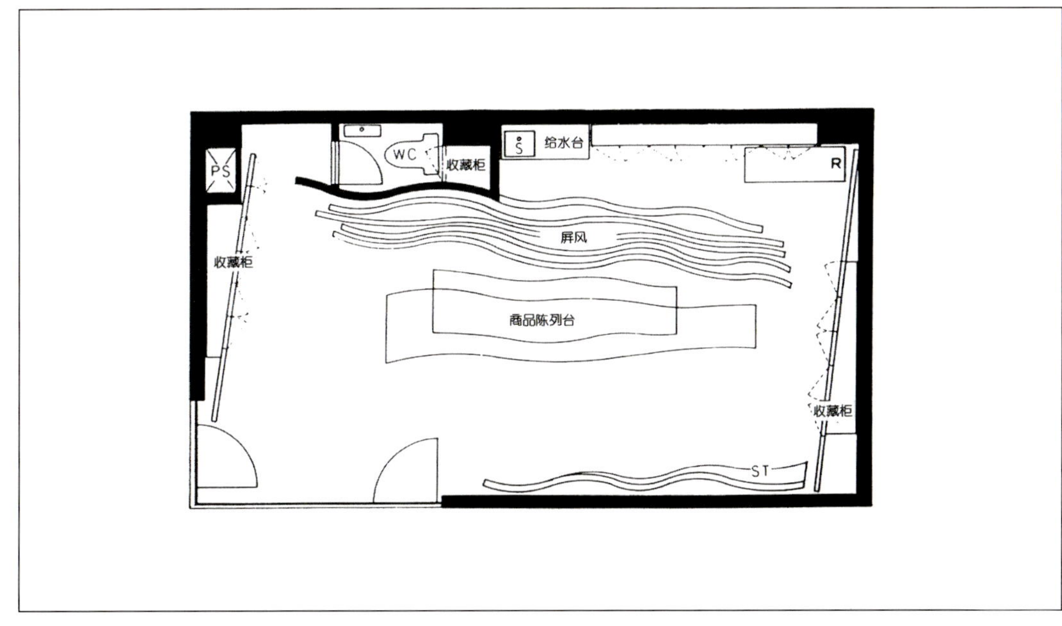
PS
WC
收藏柜
S
给水台
R
收藏柜
屏风
商品陈列台
收藏柜
ST

坂野幸雄

Yukio Banno

JOUVENCELLE（点心）

大手筋自古以来就是京都市南部重要的商店街。与大规模店铺共存的同时又保持了自己独特的朝气和活力。可说是少数拥有此等商业布局的商店街之一。

从来客的移动路线出发，空间运用了锯齿形的引导方式。入口处设置的突出型棚架略微偏斜，接着是玻璃陈列柜，最后是冷气陈列柜。

包围了整个墙壁的和纸方形纸罩座灯，顶棚附近为立体式，到了壁橱下部则逐渐向平面型缩小，最后是点状的小型玻璃块。光线从上到下逐渐聚成一束，由此视线自然而然集中到商品陈列架。另一方面，玻璃的集合体正对于右侧的入口，成为顾客的注目点。

设计中，追求了透过和纸的柔和光线与穿过玻璃的锐利光线的配合。

顾客的移动路线与空间的转移路线相交合，和"季节的鲜花"(京都式西洋点心)一起呈现出各种各样的风情。

设计者：
BANDI 坂野幸雄

简历：
1962年出生于名古屋市
1994年设立BANDI

建筑名称：
JOUVENCELLE

所在地：
京都市伏见区新町5-509

面积：
51.41m²

主要装饰：
地面／花岗石 大理石 组合图样贴面
墙壁／硅素涂料粉饰
顶棚／硅素涂料粉饰
方形纸罩座灯／手工抄制和纸分割贴面
家具／椴木合成板硬面塑料涂饰
壁橱／彩色和纸分割贴面

施工单位：
木寄设计研究所

摄影：
藤原弘

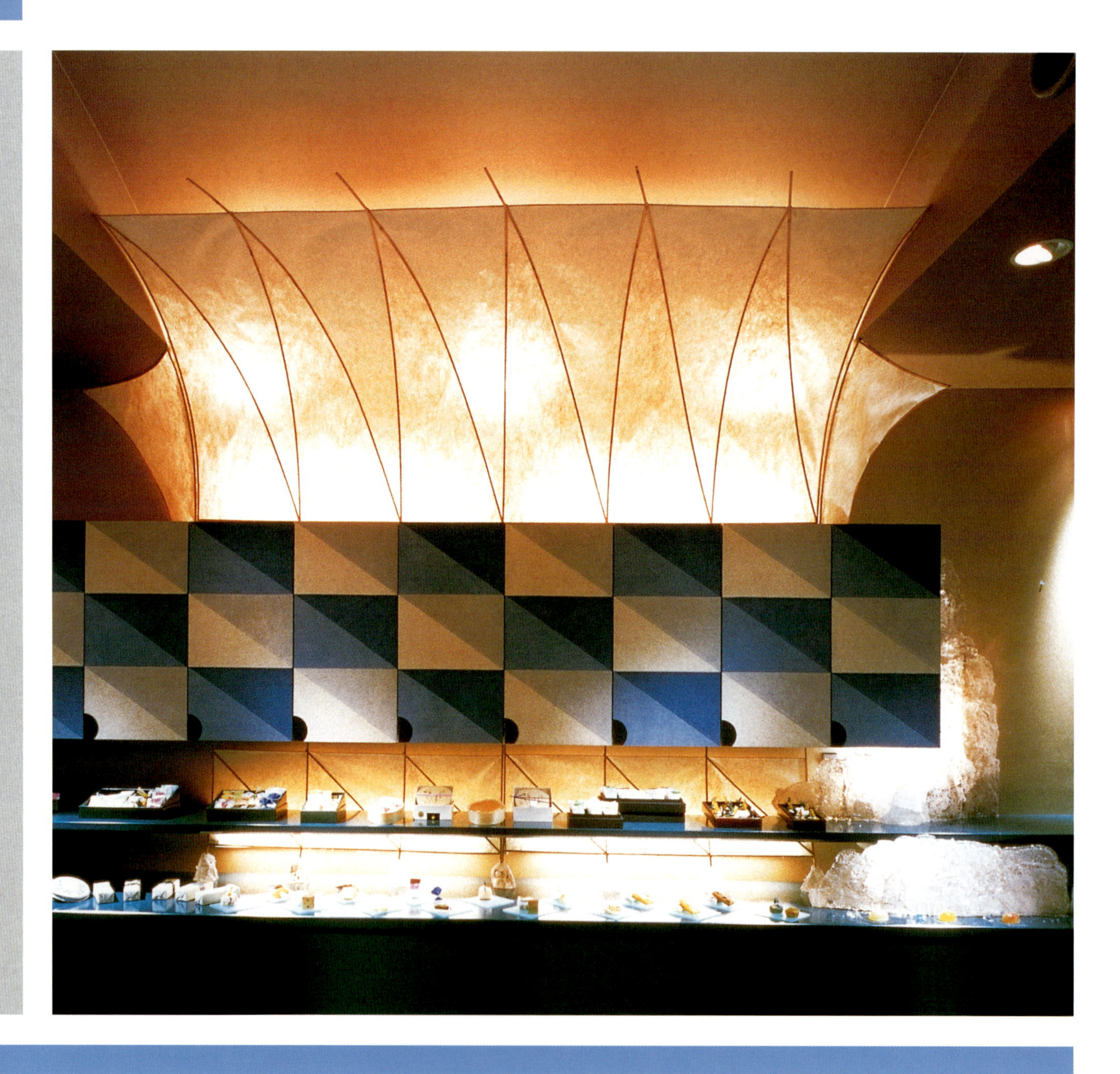

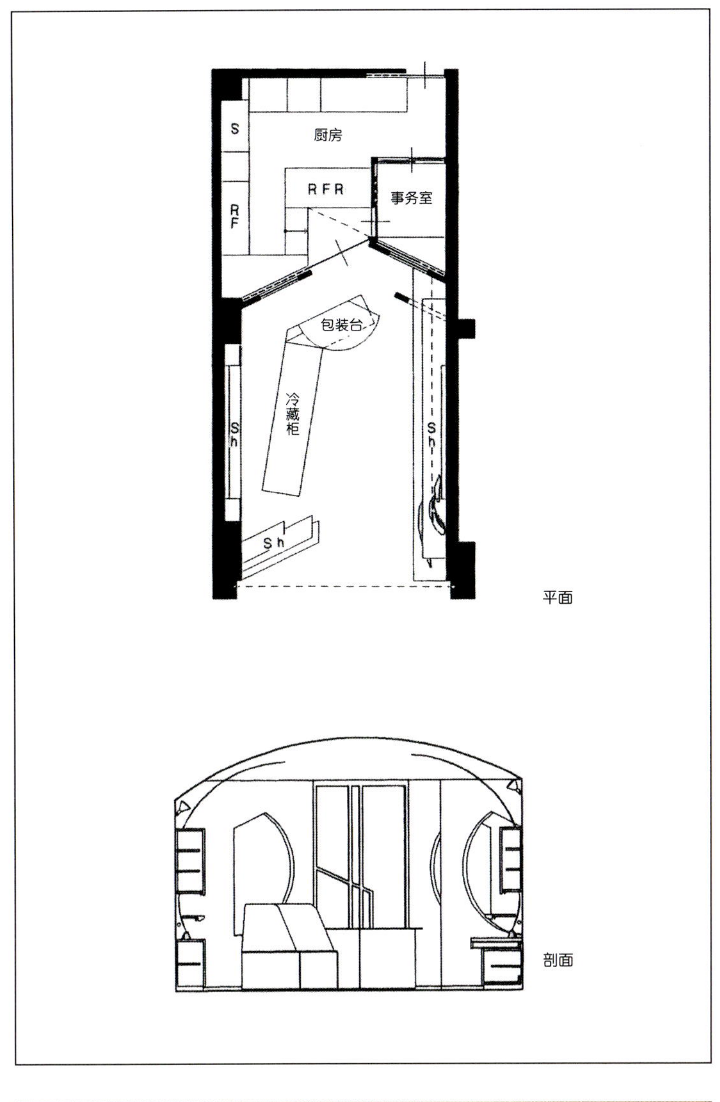
厨房
S
RFR
事务室
RF
包装台
冷藏柜
Sh
Sh
Sh
平面
剖面

森井良幸

Yoshiyuki Morii

GLASS FACTORY（眼镜）

GLASS FACTORY 神户店位于某大厦的一楼，面向“TO A ROAD”。店铺以西地区被称作“TO A WEST”，经过阪神大地震后的振兴，整个地区充满了活力，成了年轻人的聚集区。沿着“TO A ROAD”向大海方向走去，可以到达旧居留地第五街区，那儿拥有大丸百货神户店等高级洋服店。因此，店铺的前面不同年龄、不同层次、各形各色的行人来来往往。

GLASS FACTORY 在关西颇有知名度，神户店是继大阪店后新开张的二号店。从名牌到独有商品，应有尽有。

设计中追求了量感和突出商品的照明与陈列。为了创造空间的量感，除入口外所有窗户都设置了垂吊式屏风墙，而眼镜架的陈列也只使用了玻璃柜和照明，此外不使用任何表现手法。垂吊式屏风墙将白天与黑夜的光与影的关系加以颠倒，并重点突出。空间的构成材料整体上虽简朴，但通过“光”与“量”的表现，给整个空间的布局带来了变化。

设计者：
(株)cafe co. 森井良幸
渡边纹子

简历：
1991年设立 cafe co.

建筑名称：
GLASS FACTORY

所在地：
兵库县神户市中央区长狭通2丁目5-12 1F 2F

面积：
120m²

主要装饰：
地面／人造地砖铺设
局部木板铺设
墙壁／亚克力光漆涂饰

施工单位：
株式会社 SELA

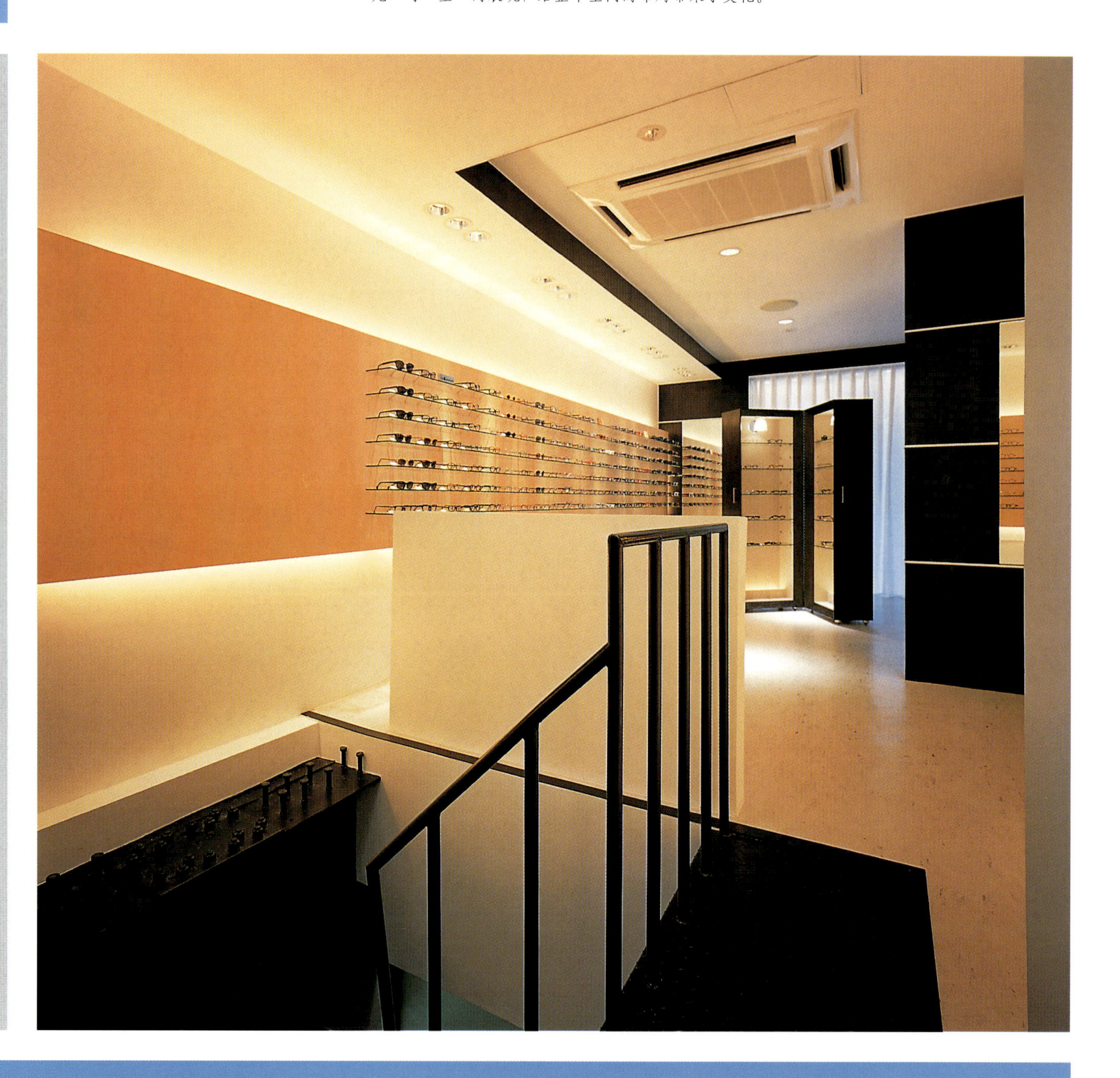

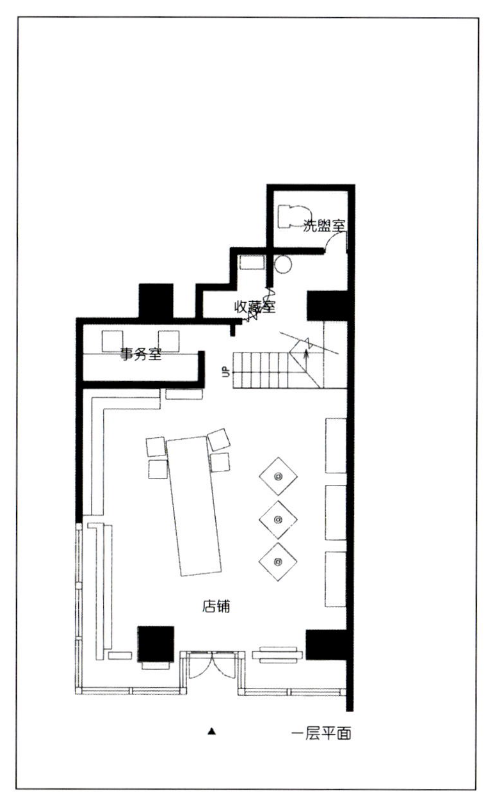
洗盥室
收藏室
事务室
UP
店铺
一层平面

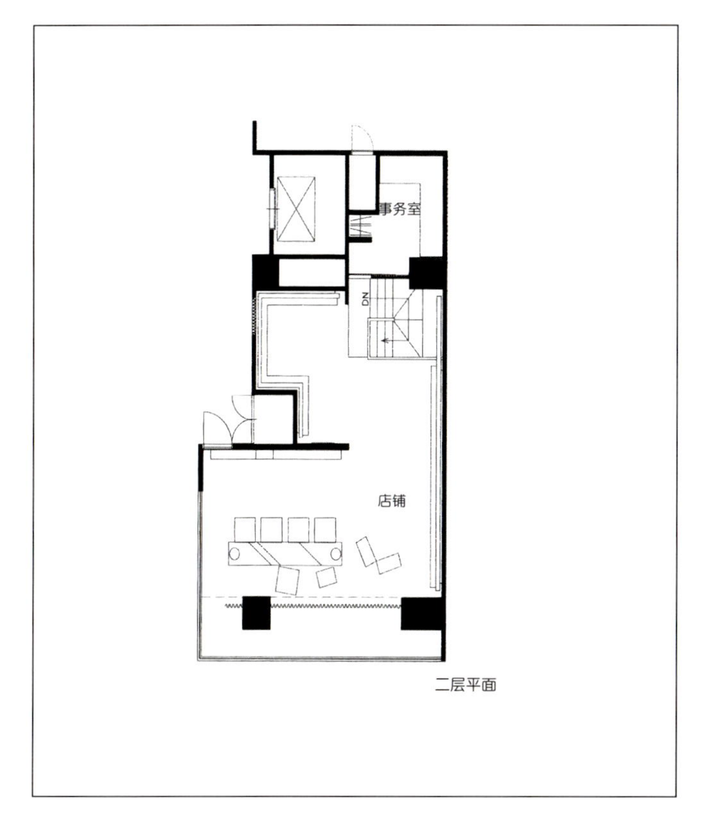
事务室
DN
店铺
二层平面

安井秀夫

Hideo Yasui

SATIN DOLL（钟表）

此建筑空间面积仅7坪(23.141m²)，开口尺寸仅为2.1m，是一个极小空间。为最大限度有效地利用这个空间，在进行平面设计的同时，也将断面作为设计的重点。为了最大限度确保眼前所见的开口部的尺寸、在功能和视觉上使之看起来都能感到宽敞些，将建筑空间的上下紧密地结合在一起形成一个椭圆形。以此形态确保将空间用于商品展示上，以及顾客和店员必要的活动路线。另外，自地面和顶棚上放出光芒，墙壁也以光线照射，使墙壁变轻，突出视觉上的宽阔性。为了接待顾客所设计的店堂内部空间，由于顶棚高度难以确保，使用了倒圆锥体的形态，将视线引向上部，平面的狭窄性得以隐藏起来。为使商品悬浮在眼前，所有家具都使用玻璃材料装配。由于使用了这些魔术手法，使这个极小的空间无论在功能上还是在视觉上均克服了其狭窄性。

设计者：
安井秀夫

简历：
1958年生于静冈县
1986年成立安井秀夫工作室

建筑名称：
SATIN DOLL

所在地：
东京都新宿区新宿3-24-7 6F

建筑面积：
23.14m²

主要装饰：
顶棚／弯曲胶合板
局部上等细麻布腻子处理
墙壁／弯曲胶合板　上等细麻布腻子处理　基层金属调喷涂剂
地面/木搁栅支承　配套基层铺铝制棋盘格板

施工：
（株）美留士

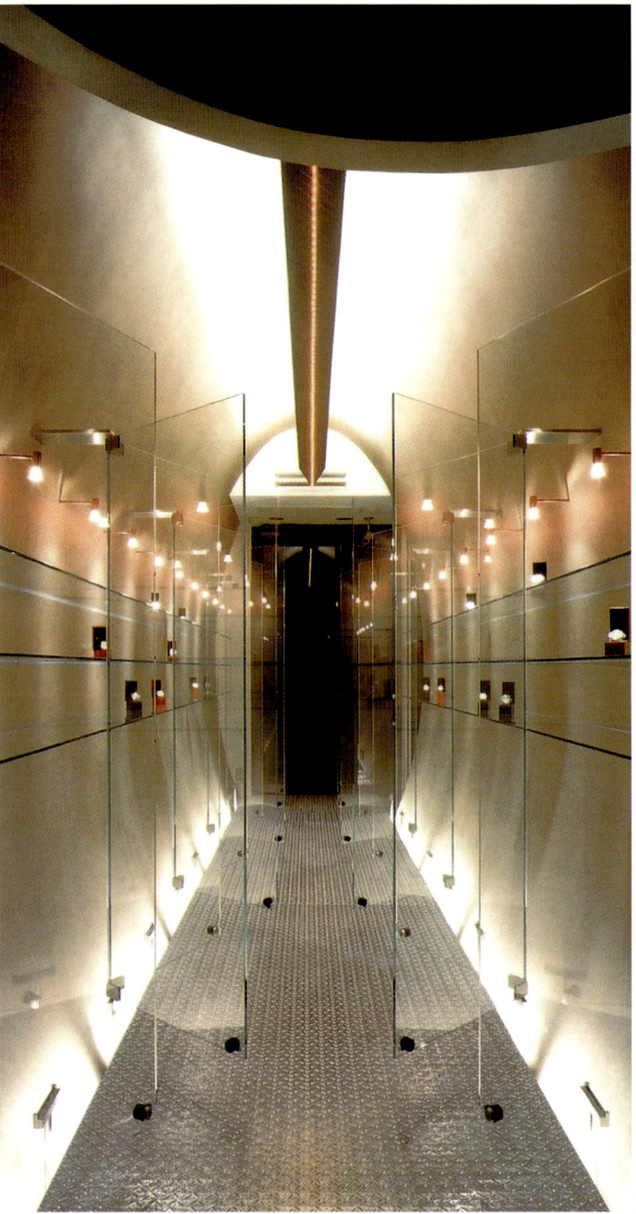

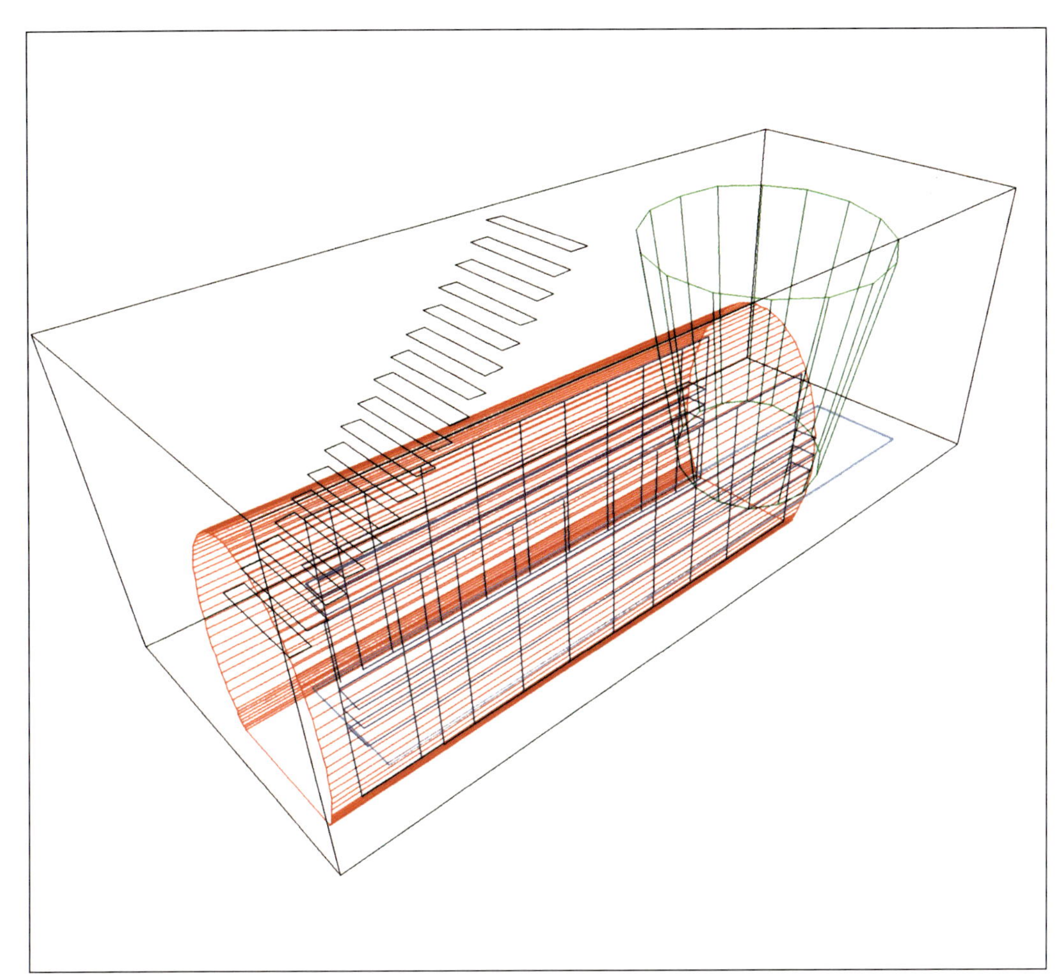

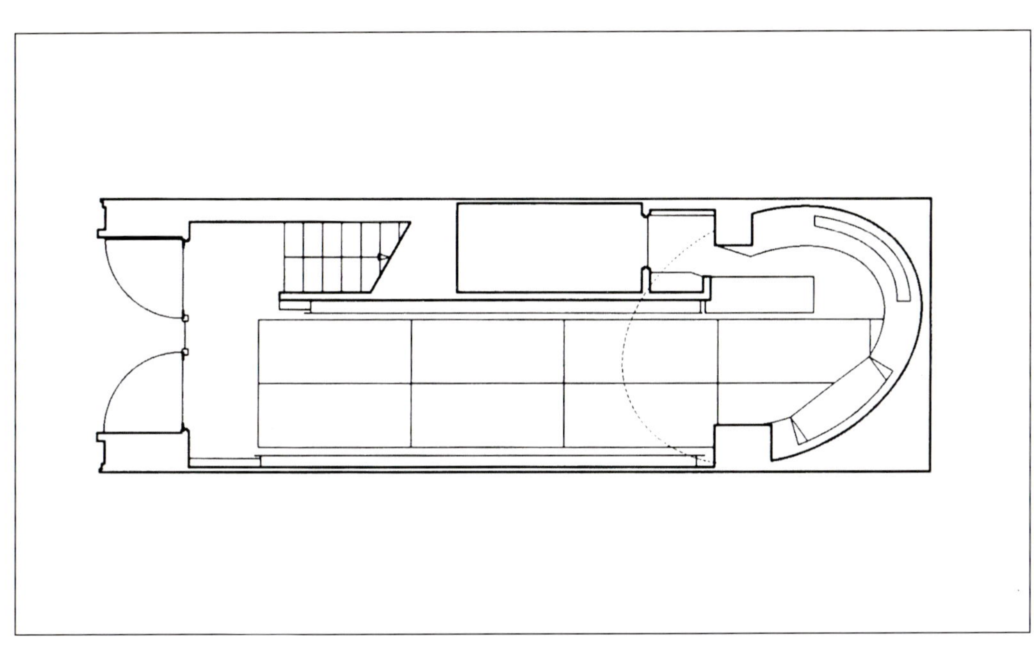

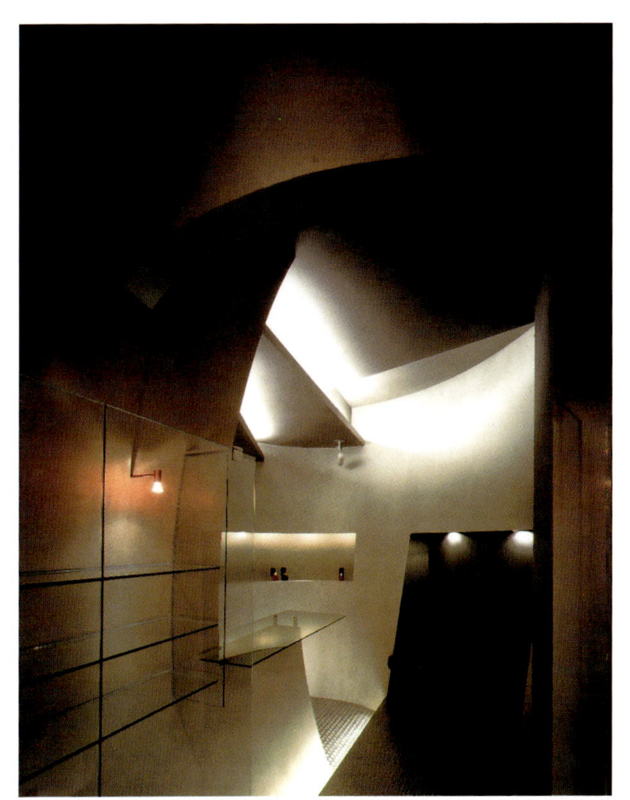

山本嘉史

Yoshifumi Yamamoto

SAINT MICHEL MINAMI-AOYAMA（宝石）

坐落于浜松市商业区的建筑家安藤忠雄设计的佳作诺亚大厦的一、二层楼面，是这次设计的对象。以前的店铺采用了安藤简洁、无修饰的装饰，与整个建筑环境配合得非常融洽，虽经历了十年岁月，仍没有褪色的征兆。但是这次业主所提出的要求是在珠宝首饰店这一特定空间里，加以摩登、雅致的表现，并以此为基础创造一个与整体空间相共存的内部空间。因此，在材料选择上选用了与混凝土配合相对来说较合适的大理石、不锈钢、玻璃等硬质材料。采用简洁形状的同时，又加入了柔软性，体现出温馨、柔和的感觉。

设计者：
山本嘉史

简历：
(株)C & A ARCHITECTS
代表

建筑名称：
SAINT MICHEL
MINAMI-AOYAMA

所在地：
静冈县浜松市

面积：
147m²

主要装饰：
地面／大理石
墙壁／大理石　金丝玛瑙石
发光壁板　天鹅绒壁板装贴
顶棚／亚克力光漆涂饰

施工单位：
淀工艺

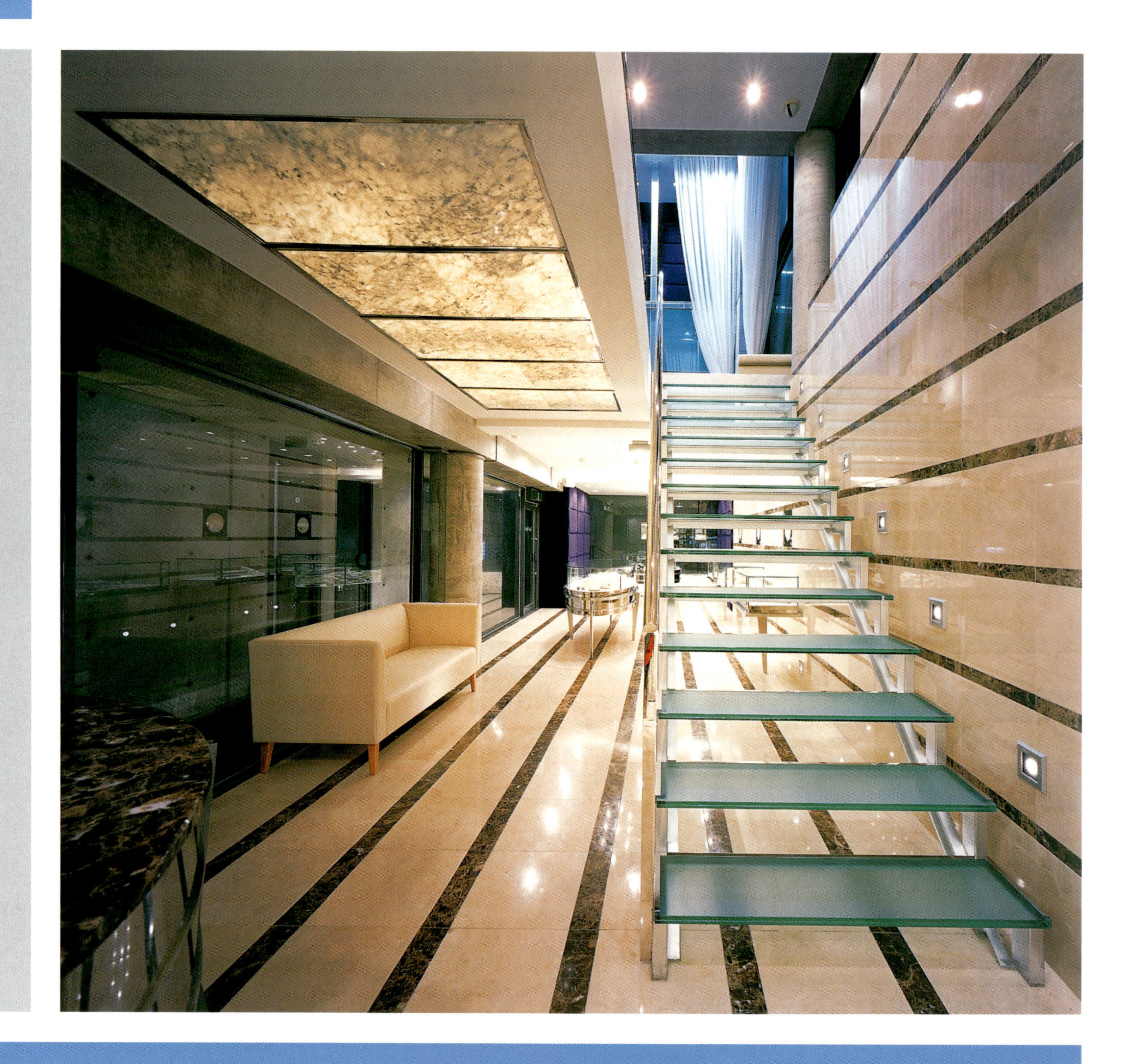

Saint Michel

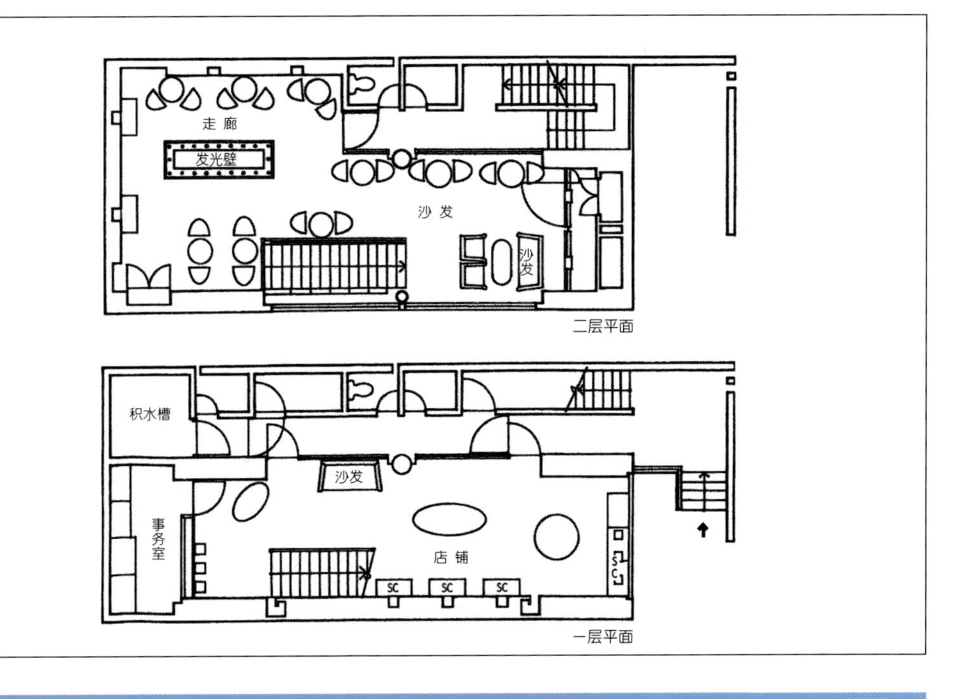
走廊
发光壁
沙发
沙发
二层平面
积水槽
沙发
事务室
店铺
SC
SC
SC
一层平面

横井源

Gen Yokoi

LA PAIN（面包）

LA PAIN 是一家位于大阪住宅区的个体经营手工面包房。

整个空间强调了纵向轴线，黄、绿、蓝三色照明的边界处设置了铁丝悬吊式面包陈列架，照明界限与面包好似浮游于空中一般。深处的黄色墙壁、红色立柱、发光棒组成了色彩与光的构成。

另外，垂挂于墙面的插有麦穗的铝管和壁画给凝固的空间带来了温和的气氛。

一般的面包房多为连锁店，设计过剩，充满乐趣的店铺极少。

LA PAIN 作为个体经营面包房的代表，如果可能的话将会给今后的面包房的存在形式带来不小的变化。

设计者：
横井源

简历：
1989年9月1日 设立建筑意匠“创乐舍”

建筑名称：
LA PAIN

所在地：
大阪府吹田市江坂1-16-35 1F

面积：
45.64m²（其中厨房23.65m²）

主要装饰：
地面/灰浆基层瓷砖铺设 水泥预制板基层 风梨木地板材铺设
墙壁/12.5mm厚石膏板基层水性涂料粉饰
顶棚/12.5mm厚石膏板基层亚克力光漆涂饰

施工单位：
吉野创美

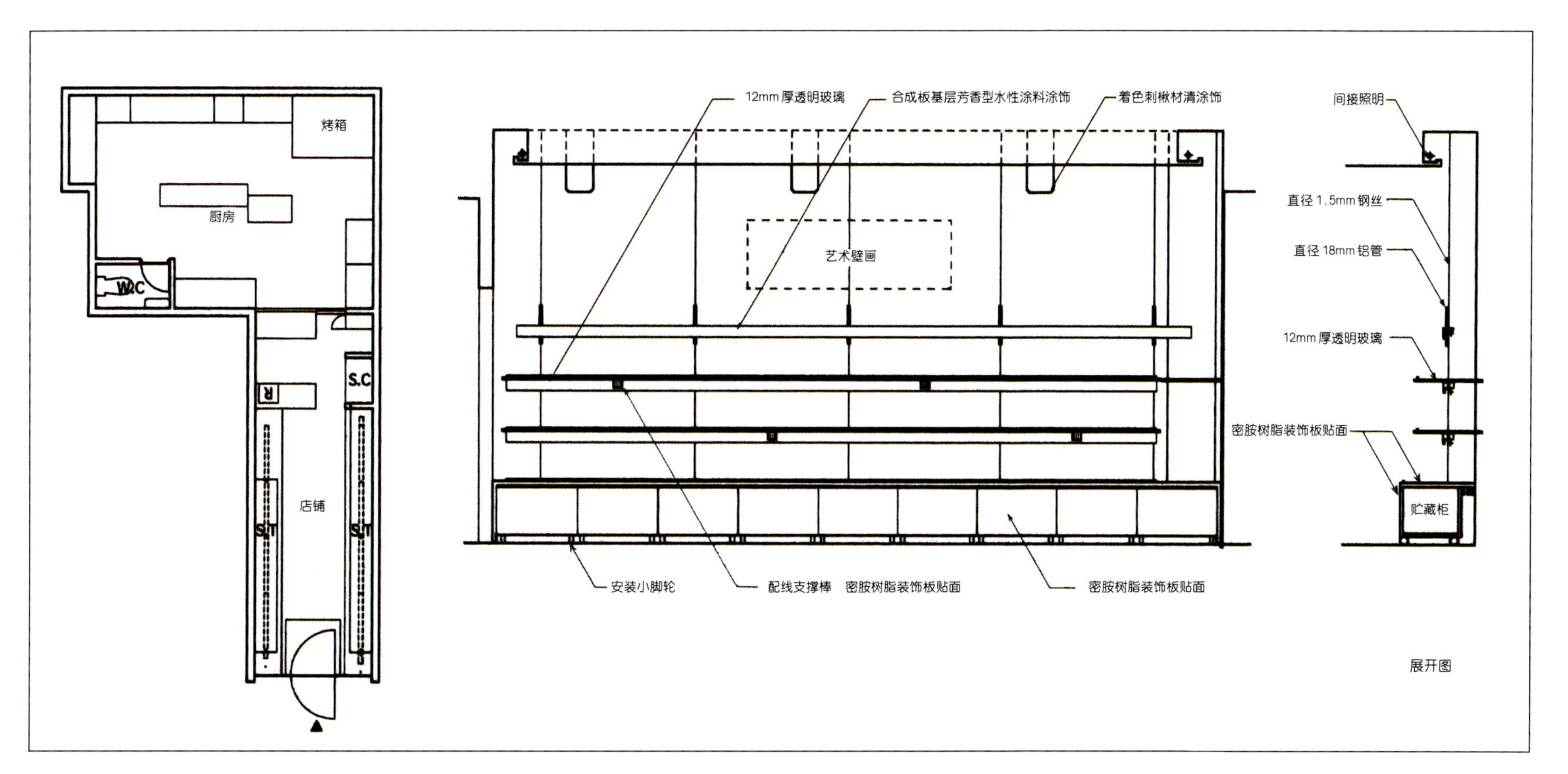

烤箱
厨房
W.C
R
S.C
店铺
S.T
S.T
12mm 厚透明玻璃
合成板基层芳香型水性涂料涂饰
着色刺楸材清涂饰
艺术壁画
安装小脚轮
配线支撑棒
密胺树脂装饰板贴面
密胺树脂装饰板贴面
间接照明
直径 1.5mm 钢丝
直径 18mm 铝管
12mm 厚透明玻璃
密胺树脂装饰板贴面
贮藏柜
展开图

La pain
Lapain

brioche

吉尾浩次

Hiroji Yoshio

TAMON（家具＋民间工艺品）

TAMON 位于神户湊川东面的家具街。数年前，经阪神大地震的影响，店铺损伤严重。受业主的依赖，设计有个性、话题性的店铺，成了这次改装的主题所在。

入口处的自动门、玻璃屏风、环状拱廊上部的玻璃瓦等处，保存了原样，其他的内部装修则全部拆除，底基全部外露。

进入底基完全外露的建筑物，立刻就是直通三楼的共享空间，并设置了三层高的水泥混凝土塔。塔的建造突出了二、三层的存在，更显示了建筑物的高度。以塔为中心的立体回游性成了层面构成与移动路线的基础。装饰上，保留了原有混凝土结构，横梁以下的墙壁、立柱用石灰加以粉饰，流露出柔和的感觉。地面、墙壁的局部和门窗、楼梯、天桥等部分奢侈地使用了天然椋木，与外露混凝土的坚固性融合成一体。整幢建筑从一层到三层为展厅，共享空间上部的四层为文化教室，五层为设有下沉式地炉的社长室、茶室、事务室，作为样品房的同时，一般业务也在此进行。

TAMON 完全抛弃了店铺的概念，而是以美术馆形式，通过建筑空间本身来追求真正的乐趣。

设计者：
吉尾浩次

简历：
1940年出生于日本奈良县
1970年设立INTERIOR DESIGN OFFICE nob

协力：
锻治刚 东海启之

设施名称：
TAMON

所在地：
日本兵库县神户市兵库区福原町30－15

面积：
1726.055m²

主要装饰：
地面／混凝土基层　三和土式灰浆粉刷　鹅卵石半露加工
墙壁／轻型钢架结构板基层　掺稻草石灰涂饰
顶棚／保持解体钢筋混凝土原样

施工单位：
建筑施工／阿比野建设 高见淳也
照明／松下电工 国分裕二
家具·材料／丸十木材 藤本经治
陈设／饰花人　赤井胜

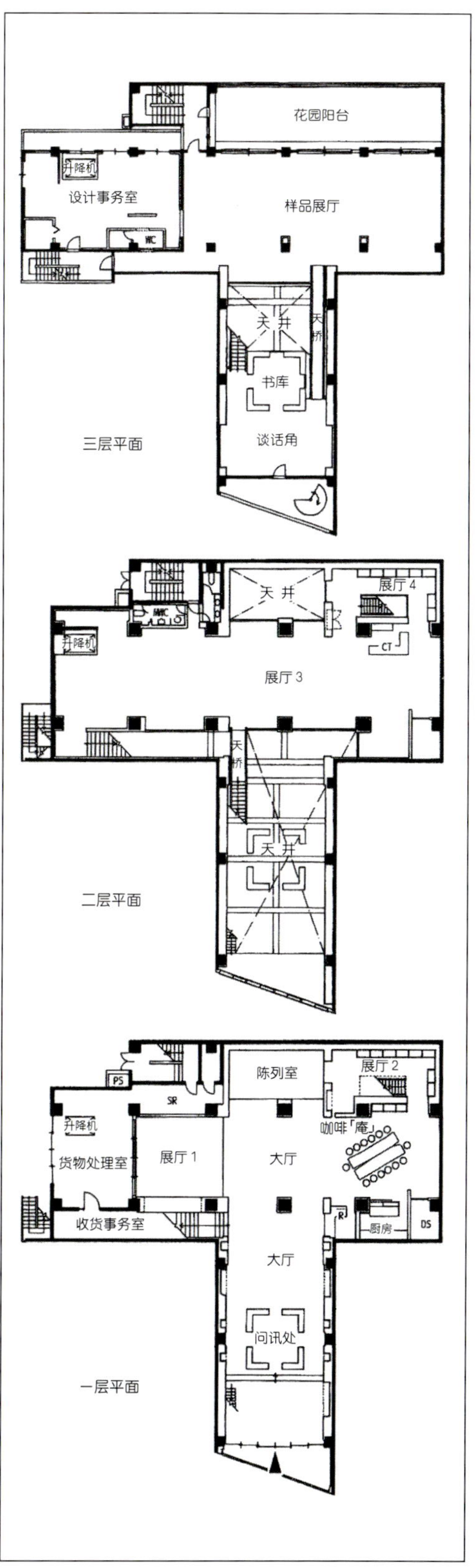
花园阳台
升降机
设计事务室
样品展厅
天井
天桥
书库
谈话角
三层平面
天井
展厅 4
升降机
展厅 3
天桥
天井
二层平面
陈列室
展厅 2
PS
SR
升降机
咖啡「庵」
货物处理室
展厅 1
大厅
收货事务室
厨房
DS
大厅
问讯处
一层平面

若林广幸

Hiroyuki Wakabayashi

西利（酱菜）

京酱菜西利祇园店是在京都祇园、茶室等建筑群中的建筑，但是这个计划有一个大的问题，这就是面对人行道设置的拱廊。日本的拱廊一般只是为挡风雨的功能性而设置的较多，立面上建筑被切断，比拱廊更重要的景观问题的考虑几乎没有，更重要的是店铺的设计和城市街道的景观基本上没有联系，结果是商店街本身变成了无魅力、无个性的建筑体。

前庭的设置是为了使人们更能容易地认识建筑的全体像，将拱廊的一端与建筑物本体分离，建筑物的外墙从人行道开始向内收缩了9.5m，建筑物的正面设置了瓦屋顶的平屋，2层以上的空间向西面靠近，东侧最上层都是斜屋顶，这是为了和祇园周围的景观相适应。

由于设置了前庭，拱廊在白天也能进入光线，让人们看到具有开口部的建筑物的脸，这是不是具有拱廊的商店街建筑变化的一个办法？

设计者：
若林广幸

简历：
1949年京都生
1967年加入TACHI吉社，同年转入京都DESIGN 设计
1972年室内设计事务所设立
1982年设立若林广幸建筑研究所

建筑名称：
西利(NISHIRI)

所在地：
京都府京都市东山区祇园町南侧578

建筑面积：
553.72m²

主要装饰：
顶棚／12mm厚石膏板基层　上等细麻布上浆处理　亚克力光漆系列涂料喷涂
墙壁／灰浆基层　土刷出
地面／水泥基层　豆砂利水刷出贴伽利石，局部十津川石(不规则贴)

施工：
(株)大成建设

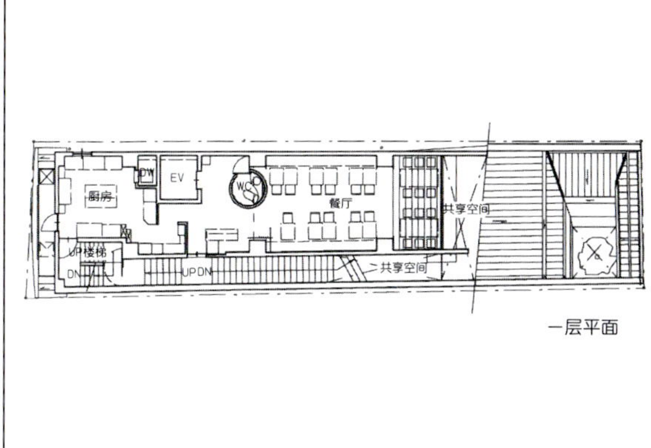
厨房
EV
餐厅
共享空间
中楼梯
DN
UP DN
共享空间

一层平面

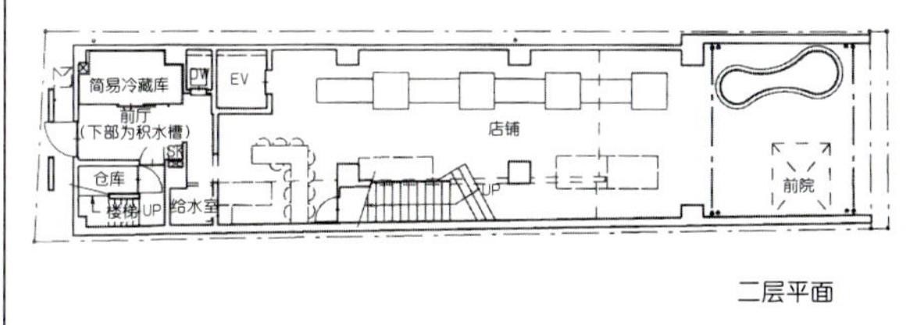
简易冷藏库
DW
EV
前厅
（下部为积水槽）
店铺
仓库
UP
前院

二层平面

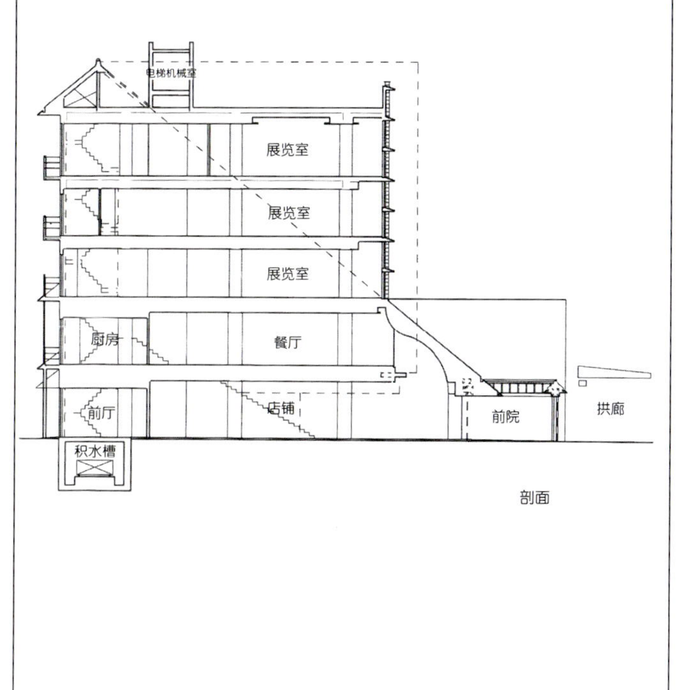
电梯机械室
展览室
展览室
展览室
厨房
餐厅
前厅
店铺
前院
拱廊
积水槽

剖面

岩本胜也

Katsuya Iwamoto

CAPELLI

来到CAPELLI访问的是追求美的人们，来访的人们同发型师之间以“同美相会的场所”为中心，并以转入各种各样的场面而设定。就像电影摄影中的一个场面，每一个场面都是很贵重的，作为背景的是空间。另将空间全体创造出浮游感，在镜子中映入的世界，只有来访的客人和发型师优美的浮现。在特别用意的空间内，最终的主角是人。为了使主角能更加优美地表现出来，配角的空间最低限度地表现。因为具有戏剧性，舒适和宽松交错在一起。CAPELLI跨越了美容院的框架，从心里希望它成为美的象征。

设计者：
岩本胜也

简历：
EMBODY DESIGN ASSOCIATION 代表

建筑名称：
CAPELLI

所在地：
大阪府大阪市中央区东心齐桥1-20-14 2F

建筑面积：
145m²

主要装饰：
入口／不锈钢框架　烧结玻璃
衣帽间/钢架珍珠色涂饰　铁丝网装饰

施工：
(有)WORKS DESIGN

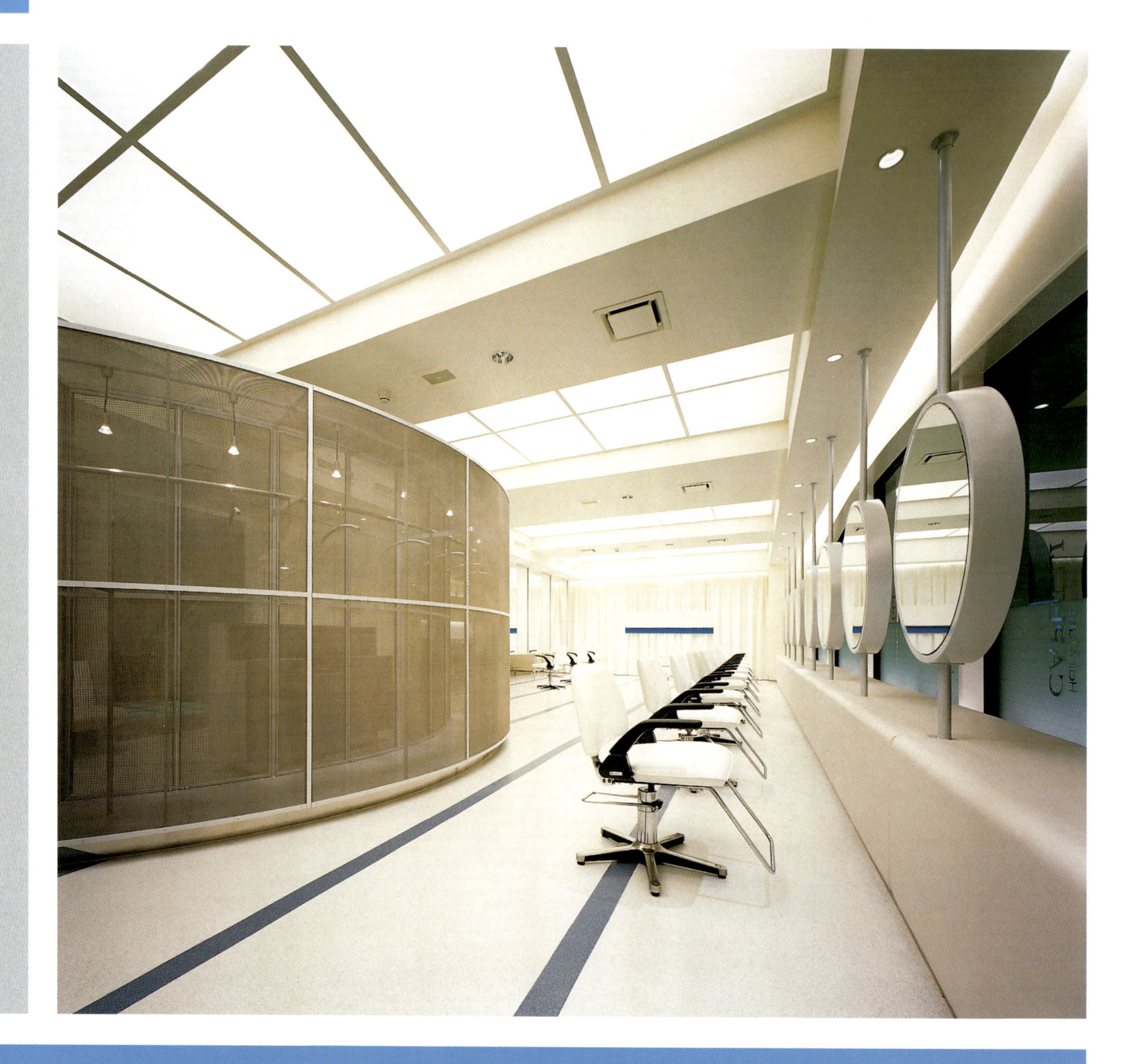

Hair Make
CAPELLI

熊泽信夫

Nobuo Kumazawa

DUKE EST KENZO

这次是为肯泽美容院的第三分店进行设计。总店在重新装修后不到半年的时间，业主就提出了新的要求，开设新的分店以吸引更加年轻的顾客。受此重托，设计者前往名古屋对设计用地进行了严密调查，并在前往途中画了一些草图，这就是本设计的开始。大约20年前，肯泽美容院以招揽上流社会的女性顾客为经营方针，在名古屋·荣之矢场町开张了。此后，派尔格、罗伏特等大型商场的陆续开张，整个地区的人口流动有了很大的变化，吸引了许多对服装流行非常敏感的年轻人。业主对此环境变化作出了快速反应，将经营方针作了大幅调整，顾客层全部转移到以年轻人为中心。结果，营业额倍增。因此，为了满足更加年轻的十几岁的顾客的需要，迪克·伊斯特·肯泽店由此诞生了。

店铺位于派尔格东馆的南侧，位于距离总店不到一分钟的一幢大厦的地下一层。虽然以年轻人为顾客对象，但为了避免孩子气，在空间设计上，追求了简单二字。方形的箱子中贯穿了铁质圆筒，达到了明与暗的对比效果。另外，地下通道创造了一个充满冒险的不可思议的世界。从地上走向地下……稍稍远离现实的世界深深地扣动了年轻人的心。

设计者：
(株)TAKARA SPACE DESIGN 熊泽信生　梅山和久

简历：
(株)TAKARA SPACE DESIGN 设计技术中心主管

建筑名称：
DUKE EST KENZO

所在地：
爱知县名古屋市中区荣3-31-13 B1F

面积：
78m²

主要装饰：
地面／匀质氯化塑料地砖贴面
橡胶地砖贴面
墙壁／石膏板基层亚克力光漆涂饰
木质骨架波状拱形钢板贴面
顶棚／原有混凝土乳胶状合成树脂涂饰
家具　接客台／抛光不锈钢
屏风/建筑用保养薄膜

施工单位：
(株)TAKARA SPACE DESIGN

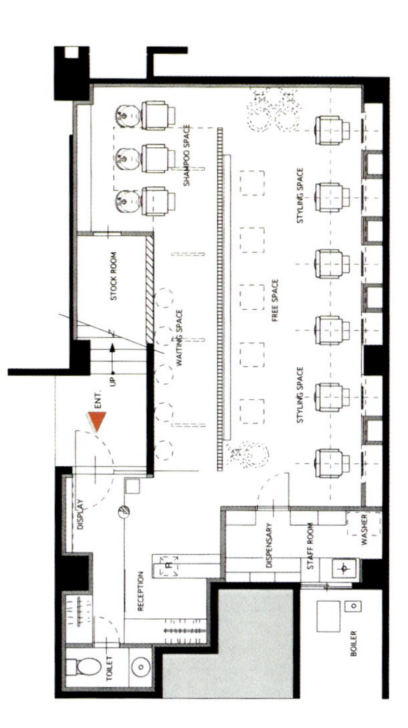
SHAMPOO SPACE
STYLING SPACE
STOCK ROOM
WAITING SPACE
FREE SPACE
UP
ENT.
STYLING SPACE
DISPLAY
DISPENSARY
STAFF ROOM
WASHER
RECEPTION
TOILET
BOILER

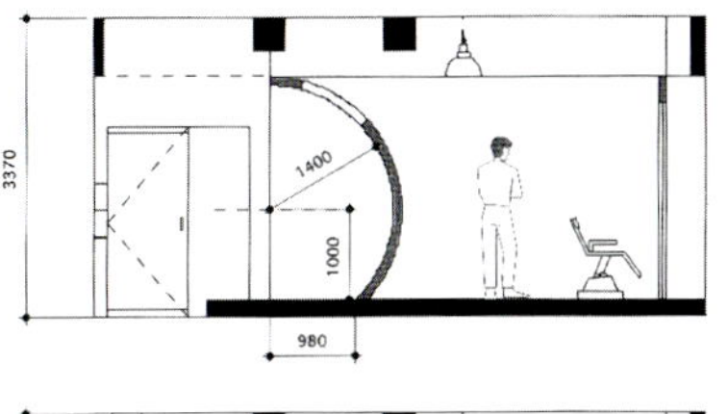
3370
1400
1000
980

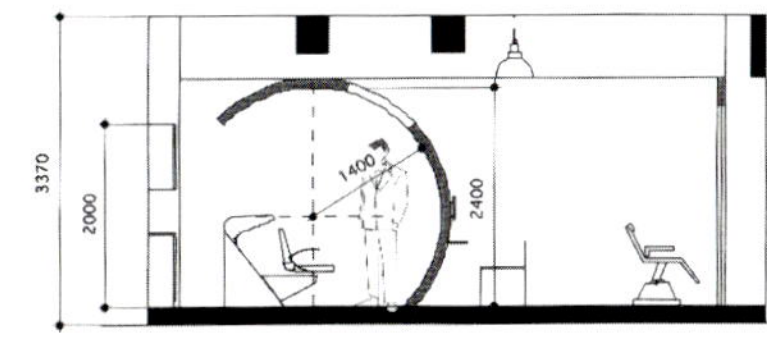
3370
2000
1400
2400

熊泽信夫

Nobuo Kumazawa

BUNBUN

美容室多为橱窗式，这样可以直接把握店内的工作情况。暂且不谈它对商业面的影响。橱窗式美容室不能引发想像力确属事实。当我们与异形空间相逢时。整个心情会激动万分，存在的秘密越多。越能使人入迷。让空间拥有象征性、神秘性。接连不断地引发思考的展开，提供进行创造性活动的场所。这也是赋予女性完美自身的美容室的诞生。

商业建筑曾经非常流行表层形态的表现。而现在则是注重设计本来的精神，追求真的世界。

BUNBUN美容室。在金色球体和银色立方体这一对具有代表性的空间里。同时融入了日本的传统和服和具有摩登形象的美容。并将人们的表情变化通过抽象化的传统面具加以最大限度的表现，引发对存在于白色大屏风背后的表情的联想。

设计者：
(株) TAKARA SPACE DESIGN 熊泽信生　桐田靖彦

简历：
(株) TAKARA SPACE DESIGN 设计技术中心主管

建筑名称：
BUNBUN

所在地：
三重县志摩郡阿儿町甲贺404

建筑面积：
152.84m²

主要装饰：
地面／大理石贴面　玄昌石贴面　氯化塑料地砖贴面
墙壁／12mm厚石膏板基层掺大理石涂料糙面涂饰
屏风／椴木合成板基层清漆涂饰
顶棚／9mm厚石膏板基层
横梁／无装饰混凝土
家具／塑料装饰板　染色椴木单板　染色椴木合成板　清漆涂饰

施工单位：
(株) TAKARA SPACE DESIGN

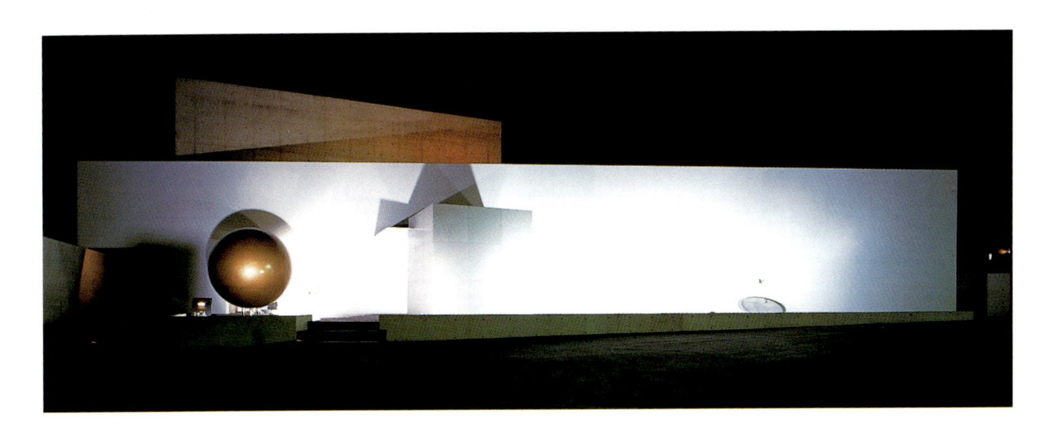

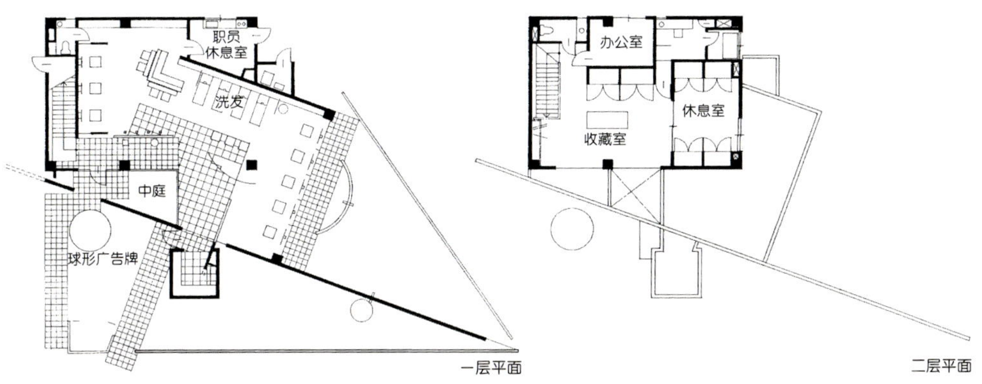
职员
休息室
洗发
中庭
球形广告牌
一层平面
办公室
休息室
收藏室
二层平面

熊埜御堂均

Hitoshi Kumanomido

COLORE BAMBINA & CIAO BAMBINA

COLORE BAMBINA & CIAO BAMBINA地处西方青年文化信息发源地——东京原宿。整个店铺通过染发这一行为和技术。促进了色彩表现艺术家与顾客间的新的相逢和发展。并在发型和观念方面从更深、更高的角度来追求新的自我。提供了一个有助于内心感受和技术发展的开放型空间。相互邻接的两个店铺与职员。则是个性化和共同性、对立与共振被大胆表现的舞台。另外，人本生所拥有的感应力、想像力、自发性、艺术性、固有性、良心的流露等所表现出的真挚性对都市的教育空间、文化现象的形成也起到了有效的作用。

人类有数十亿之多，每个人都有着不同的肉体、思想、才能，在拥有自我固有空间的同时，确立一个与某种特定大空间的关系，可说有着重大的意义。因此，作为关系到特定大空间的责任，必须将自身的主张、身份、立场、权力、利益加以抛弃，更要下定决心和自我成长过程中所无法代替的精神相共生。

设计者：
ETHICS & ETHER LABO-RATORY 熊埜御堂均

协力：
滝本久雄

简历：
社会设计师
空间理论构筑家

建筑名称：
COLORE BAMBINA & CIAO BAMBINA

所在地
东京都涉谷区原宿神宫前4-31-2

主要装饰：
铁板
橡胶马赛克
透明有机玻璃
混凝土

施工单位：
IMAI HIDEO ENTERPRISE

摄影：
井上孝

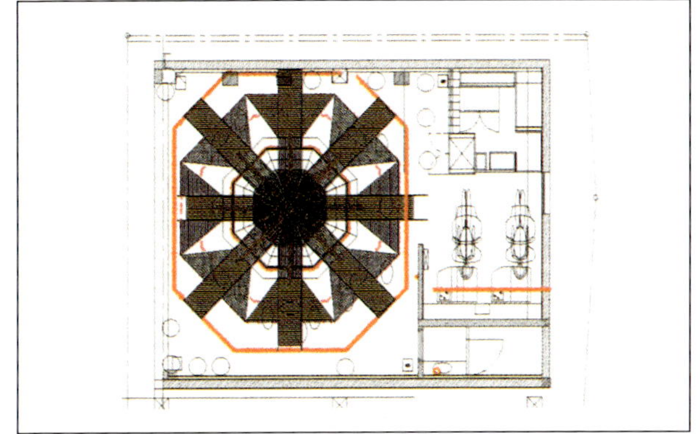

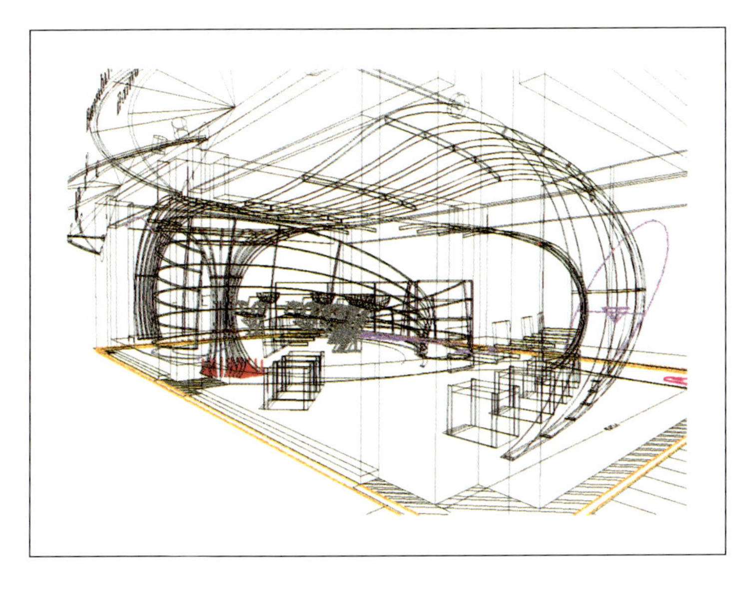

文田昭仁

Akihito Fumita

K.TWO

K.TWO是一家设在地下一层的美容院，唯一与外部连接的楼梯，可把顾客引导至店内。但不幸的是面向道路的楼梯部分，不管采用什么招牌，做任何自我介绍。都被周围繁杂的环境所埋没。所以，设计上最终采用了“沉默”的手法，在地表只设置“孤单”的白色招牌与地下空间的存在和感性产生了差异。在内部空间，结构外露顶棚的一部分，镶嵌了圆弧状顶棚和墙壁，将各部分加以分割，并保持其连续性。而且所有设置都是特别定做，给整个室内空间增添了深刻的印象。

设计者：
文田昭仁

简历：
1962年出生于大阪
1984年毕业于大阪艺术大学
1995年成立文田昭仁设计室
1997年获JCD设计奖'97优秀奖
1998年获NASHOP LIGNTING CONTEST'97优秀奖

建筑名称：
K.TWO

面积：
118m²

主要装饰：
地面／灰浆基层　树脂塑料瓷砖铺设
壁脚板／树脂瓷砖装贴　局部油漆染色加工
墙壁／钢结构12.5mm厚石膏板基层　上等细麻布乳胶状合成树脂涂饰　局部板材油漆染色加工
顶棚／钢结构12.5mm厚石膏板基层　上浆上等细麻布乳胶状合成树脂涂饰加工

摄影：
Nacása & Partners inc.

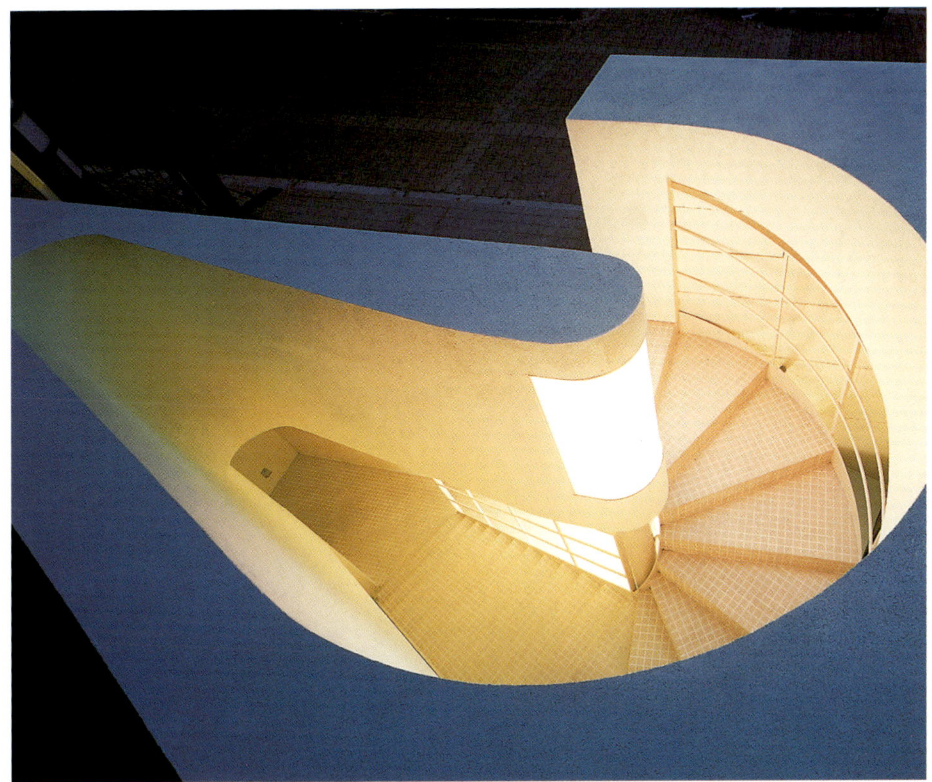

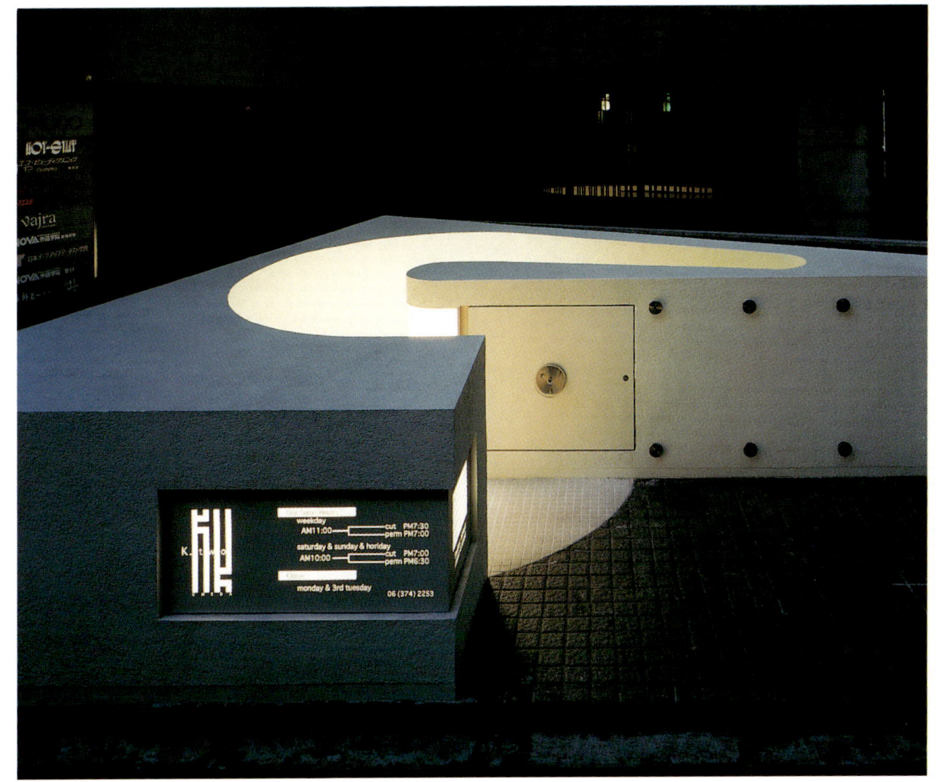
weekday
AM11:00
cut PM7:30
perm PM7:00
saturday & sunday & horiday
AM10:00
cut PM7:00
perm PM6:30
monday & 3rd tuesday
06 (374) 2253

森田正树

Masaki Morita

CICIS

CICIS的店名来源于希腊神话中的女神依茜斯。

从20世纪初的能源革命开始，以男性为主的社会现象持续了相当长的一段时间。这是一段技术发展、构造的历史，而不是美与美的构成的历史，仅仅为了经济发展而存在。所以描写21世纪未来宏图的同时，我们不能忽视美的力量，而应借鉴以前的经验，使美得以复活，去充分地表现美的魅力。

高度经济成长中的富裕生活可说是物质世界的扩大，20世纪已达到了极限。所以，我们应该重视东洋所独有的美。去培养它、发展它，并留给我们的下一代。地球有东、西之分，相互影响、相互交织。我们也有必要对发展中的宇宙构造做再认识。以地球规模进行设计文化交流。

设计者：
design M 森田正树　佐藤恭世

简历：
design M 代表

协力：
风当一郎

建筑名称：
CICIS

所在地：
千叶县花见川区幕张本乡6－27－18　1F

面积：
141m²

主要装饰：
地面／COLOR CLEAT 涂饰(绿色)
墙壁／亚克力光漆涂饰
顶棚／亚克力光漆涂饰

施工单位：
株式会社　S.ENTERPRISE

摄影：
Nacása & Partners inc.

CICIS

井上秀美

Hidemi Inoue

MARUNAKA

实践性店铺作为大型店铺经营战略中的重要一环，大型超市丸中，将丸中三木店进行了再建改装。三木店的用地面积为20000m²。建筑延伸面积为10000m²，由独特的主楼和呈翼状的出租楼组成。另有可容纳500辆汽车的停车场。

"愉快的日常生活"是整个设计的主题，追求勃勃生气和愉快的购物环境。

设计上采用了具有亲近感的住宅型设计。重复的三角形图案表现了楼房群，建筑物的布局向两旁发展，使门面更加宽敞。

虽然整个建筑是低成本设计，但通过形状和色调的变换达到了明亮、繁华的效果。入口部分的共享空间可说是整个店铺的代表，上下移动的自动扶梯上部设置了透明骨架顶棚，自然光得以自由进入。高度和亮度所产生的开放感给店铺空间带来了舒适感。

日常购物也得到了升级换代。

设计者：
(株)井上商环境设计　井上秀美
井上雅子

简历：
主要作品　YAMAYA 直贩
OTA大厦　母惠梦
LOOK SENKOYA 镰田酱油
POWER CITY丸龟
POWER CITY屋岛

建筑名称：
MARUNAKA

所在地：
香川县木田郡三木町冰上482－2

面积：9878m²

主要装饰：
屋顶／柏油木丝水泥板基层彩色铁板铺面
外墙／压制成型水泥板
地面　外部／砌砖重叠组合
内部／混凝土涂抹加工
内墙／9mm、12mm厚石膏板基层乳胶状合成树脂涂饰塑料墙纸装贴　砂岩型涂饰　板条水泥基层瓷砖铺面
顶棚／大型波状石棉瓦乳胶状合成树脂喷涂　12mm厚石膏板基层塑料墙纸装贴
横梁／砂岩型装涂　局部镜面加工

施工单位：
建筑／清水建设
内装／船场

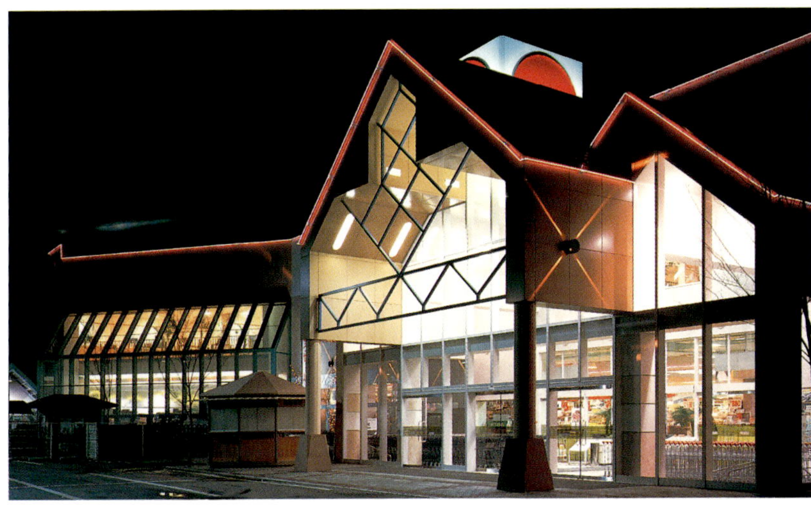

黑川恭一

Kyouichi Kurokawa

Green mart

Green mart桂店位于日本东部最大城市仙台市大型开发区泉公园街的桂地区之中央。这一地区是生活较为富裕者地区，周围环境优美，公共设施齐全，教育机构完善，文化设施丰富，住宅区在绿荫环抱之中，是由比较年轻的家庭构成的。当然，早已行成大型流通设施、中小商业的商业竞争环境。本店的基地就是本地的开发者为在本地生活的人们开发计划中的一环，预先预留好的商、住邻接地而保留下的地区；本店又是此地上市企业中企业情况的一环，在多变的食品业界采取适应新时代的对策，并向还未解决的问题提出了挑战。本店的构成以包括超市、愉快型的餐厅、能快速对应客人要求的面包房、快餐店这三个支柱性营业，此外还有日用百货、文化教室、各种集会、花市等。在本店宽约90m的立面上，将店堂内部全部透视出来，大厅内的共享空间，将不同季节感的陈列表现出来，更在餐厅前设置为居民娱乐所用的绿地、喷泉、人工水池。为特地来到这里的顾客构筑一个良好的商业空间。

设计者：
黑川恭一

简历：
1976年设立Gaudy 设计事务所(社) 日本商业环境设计家协会前任理事长

建筑名称：
Green mart

所在地：
宫城县仙台市泉区桂1-12-1

建筑面积：
3051.83m²

主要装饰：
顶棚／塑料磁砖贴面
墙壁／轻型钢架结构基层
乳胶状合成树脂喷涂装修
地面／轻型钢架结构基层
乳胶状合成树脂喷涂装修

施工：
(建筑)东急建设
(内部装修)真荣工艺

CAFFÈ TERRAZZA
fontana

横山和夫

Kazuo Yokoyama

Mumie Corp

设计食品自选商场时必须联想到餐桌上的气氛，使进餐人感到心情舒畅、有乐趣以及幸福感。而商场自身则要注重每位职员的笑容、和善、言举，使店铺充满快乐、温暖、和善。卖的乐趣和买的乐趣之间需要通过娱乐来表现。如果自己无可奈何才去的商店能拥有这样的气氛，并且通过影像来反映动的部分，从而证明商店具有生命力。让所有来店的顾客都说上一句："请再给我来一份！"。购物的乐趣、与朋友的欢聚和休息的客席、自动贩卖机的提供，整个购物过程通过店铺得到统一。

设计者：
横山和夫

简历：
SOFT PLANNING商业环境计画研究所
设立HARD PLANNING SUN.CREATION

建筑名称：
Mumie Corp

所在地：
香川县高松市林町宗高

面积：
858m²

主要装饰：
钢结构平房／顶棚高3600～5000mm
外墙／砖块
顶棚／石膏板基层　表面粉刷加工
墙壁／塑料墙纸贴面
照明／水银灯

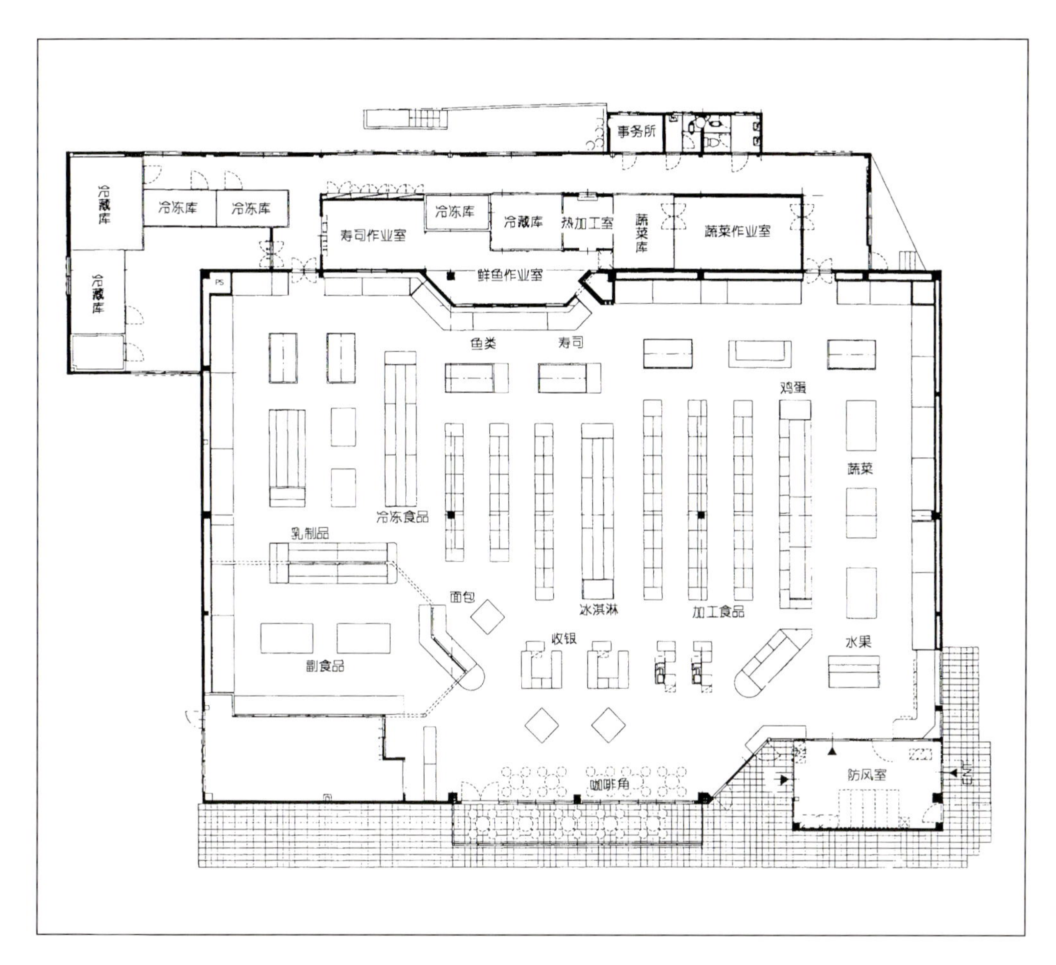
事务所
冷藏库
冷冻库
冷冻库
寿司作业室
冷冻库
冷藏库
热加工室
蔬菜库
蔬菜作业室
冷藏库
鲜鱼作业室
鱼类
寿司
鸡蛋
蔬菜
冷冻食品
乳制品
面包
冰淇淋
加工食品
收银
水果
副食品
咖啡角
防风室

SEAFOODS
DAIRY FOODS

Delicatessen

四季食彩館
Mūmie

渡边真理＋木下庸子

Makoto Watanabe+
Yoko Kinoshita

FOGLIO SC 板仓

本设施是将不同角度观察到的自然作为设计的突破口，这就是贩卖新鲜食品的超市这样一种经营行式、也是通向自然主意极其自然的通道。也许这就是一个标志，作为企业策略之反映。在店中央大厅上使用长达100m的“发光墙”，可以说是自然的发现之一。此发光墙由自然光和入口照明的照射产生不同的图案纹样，设施的标识被用于遮光或防止碰撞的信号，或是变作夜间巨大的标志。这种将自然视觉化的思想，都共同反映在本店名称招牌上和建筑前廊悬挂的旗幡上，不论是色彩、形状，都是在主题的背后、使人们感觉到明示的或暗示的自然的意识。

设计者：
渡边真理＋木下庸子

简历：
渡边真理
1973年京都大学毕业
1977年京都大学研究生院毕业
1979年哈佛大学研究生院毕业
1981年矶崎新 ATELIER 工作
1987年设计组织 ADH 设立
现为法政大学兼职教授木下庸子
1977年斯坦福大学毕业
1980年哈佛大学大学院毕业
1981年内井昭藏建筑设计事务所工作
1987年设计组织 ADH 设立
现兼日本大学、芝浦大学讲师

建筑名称：
FOGLIO SC 板仓 (FOGLIO SC ITAKURA)

所在地：
群马县板仓町朝日野1-2

建筑面积：
4719.83m²

构造设计：
梅泽建筑构造研究所

设备设计：
环境 ENGINEERING

施工：
佐田建设株式会社

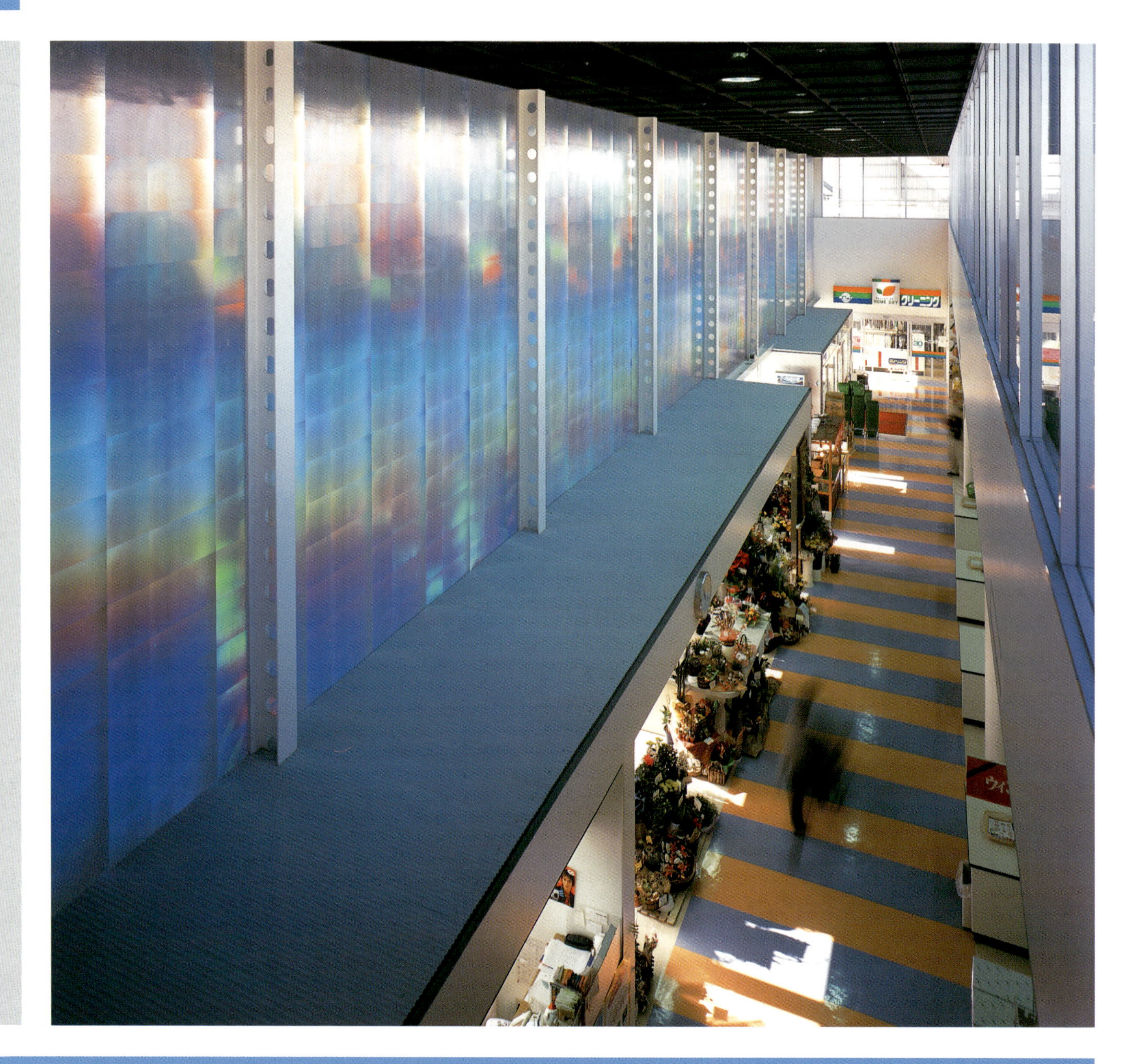

夜景全观

外装上店铺商标的使用起到了遮光和防止碰撞的目的

(左上图) 不同的时刻, 不同的位置, (光之壁) 一直处于变化之中

长度为100m的大长廊 (光之壁)

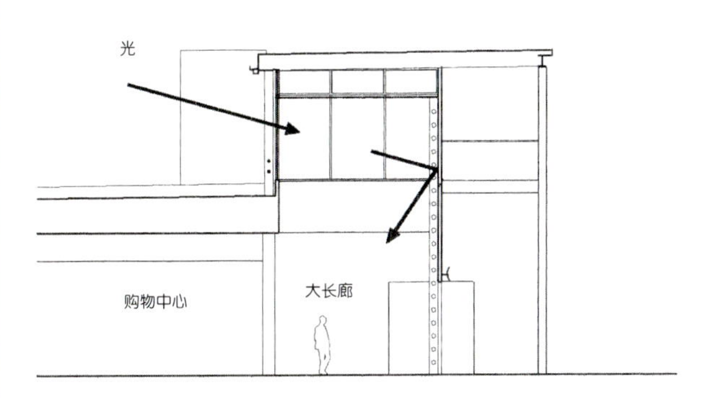

局部剖面图

前田穗积

Hozumi Maeda

MARUHAN

MARUHAN布施分店位于市中心，面向府道，近邻车站，工厂、住宅密集，商业气氛稀少。所以整个店铺从府道后退了10m，其间设置了绿化和散步道，创造出宽裕的商店景观。拥有870台游艺机的双店铺，上层为停车场，产生了相当大的店铺容积。店铺前部由MARUHAN形象宣传画和MARUHAN店标招牌构成，入口采用了游艺机一目了然的超规模形象的直接表现。店内则是将在设计其他MARUHAN分店时的摸索与实践加以展开，游戏性的表现空间得到更加充实。另外，还设置了反应顾客心声的VOICE ROOM。

设计者：
前田穗积

设施名称：
MARUHAN

所在地：
大阪府东大阪市长堂3丁目24-20

面积：
13069.79m²

主要装饰：
地面／人造大理石
墙壁／12.5mm厚石膏板基层
亚克力光漆涂饰　图案薄膜装贴
顶棚　/12.5mm厚石膏板基层
亚克力光漆涂饰
图案薄膜装贴

施工单位：
(株)FOOTWORK HOUSEING

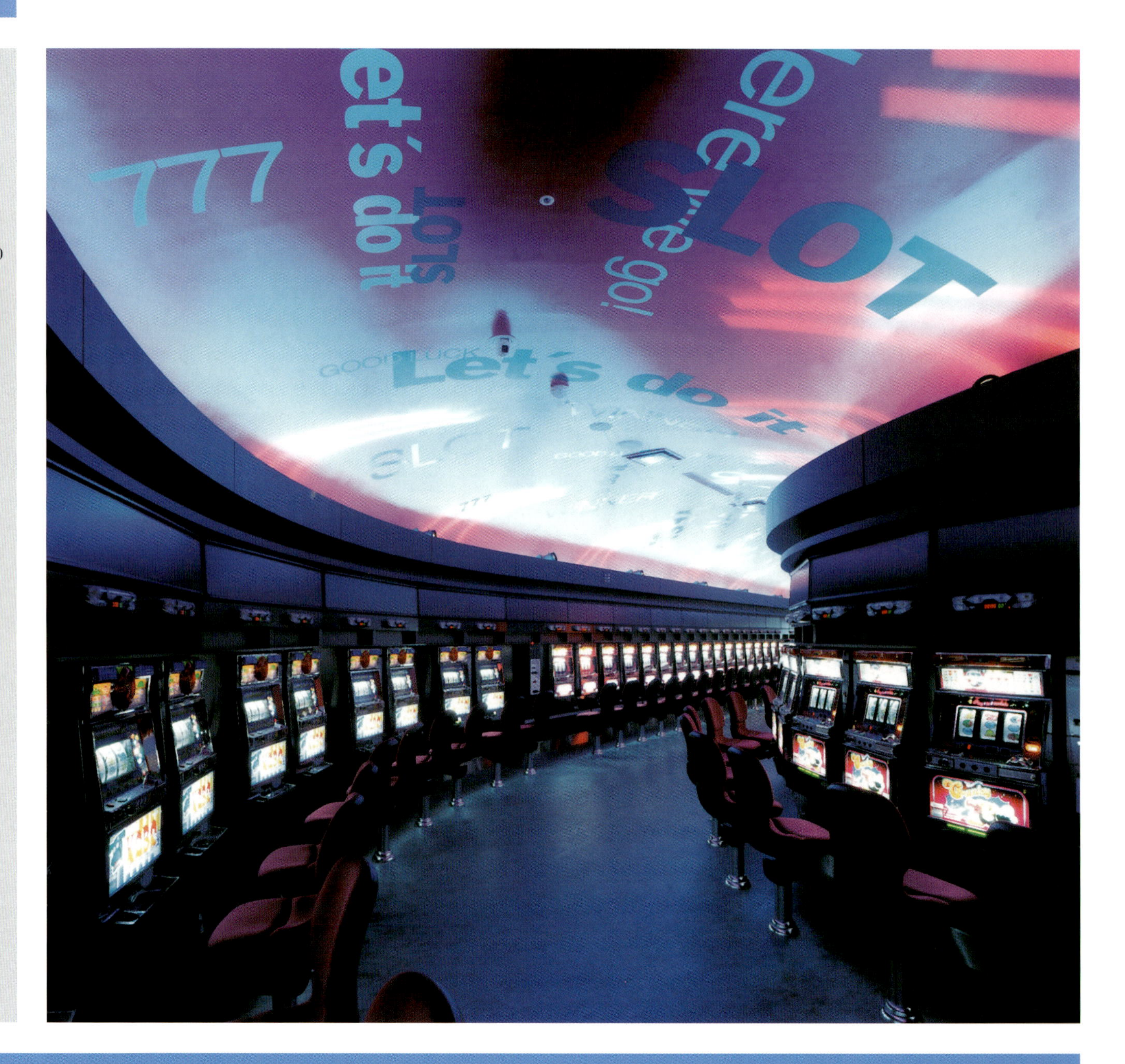

TWIN

THUNDER

植木莞尔

Kanji Ueki

OBRERO & RINCON DEL OBRERO

原为仓库的这一建筑物在改建上尽量保留了本身的构造骨架。一层局部与二层的销售空间和一层的咖啡餐厅构成了复合型商业设施。

整体形象来源于“OBRERO”——粗野、简单、淳朴的劳动阶层。

空虚而宽广的空间里，暴露在外的空调排气管、陈旧地板材的使用，销售与餐厅的隔离屏风采用了镶嵌磨砂玻璃的格子状铁架，材料特征的有效利用强调了“OBRERO”的形象。

另外，咖啡餐厅配置了细长大餐桌，采用开放式厨房，排除了与顾客之间的隔层，构成了具有实用性餐厅形象的宽敞空间。

建筑物在外观上，设置了欧洲车站式门窗，没有任何装饰，放弃鲜艳的色彩，采用透明有机玻璃房檐，显示出现代存在感。在突出“OBRERO”的特征主题的同时，构筑了一个质朴的店铺空间。

设计者：
植木莞尔

简历：
Casappo & Associates 代表
室内装潢设计师

建筑名称：
OBRERO & RINCON DEL OBRERO

所在地：
东京都涉谷区神宫前6-12

面积：
服装店/322m²
餐厅/170m²（其中厨房40.8m²）

主要装饰：
地面/ 灰浆基层铺设地板材 灰浆及水泥预制板基层铺设地板 灰浆基层铺设275mm × 275mm瓷砖
墙壁/ 钢结构12.5mm厚石膏板基层抹子涂抹加工 钢结构12.5mm厚石膏板基层乳胶涂料粉饰
顶棚 /钢结构5mm厚石棉板装贴 钢结构12.5mm厚石膏板基层亚克力光漆涂饰 局部打孔铝板装贴

施工单位：
外装 /(株)ICHIKEN
内装 /(株)综合DESIGN

obrero

植木莞尔

Kanji Ueki

OPAQUE Ginza

OPAQUE 的意思是不透明。使人预感未来，抓住银座的地区特色，增强具体形象，排除任何不协调感，进行设计的展开是整个店铺设计的最大主题。

一、二层自选店铺的特征是能使顾客毫无障碍地在店内购物，中央新设了左右都能通向二层的引导楼梯，给整个空间带来了回游性。

另外，间接照明反射到墙面上强调了空间纵深感的同时又给商品带来了浮游于空中的效果。

地下餐厅 TANTO TANTO在拥有与一、二层相同的紧张感之外，为了使顾客能更舒心地在此用餐，引导走廊设置了地灯，用华丽而优雅的灯光来迎接顾客的到来，开放式厨房内厨师们作着精彩的表演，设置在客席的照明和柔和的织品与用餐配合得天衣无缝。

狭小而质朴的空间里，玻璃、有机玻璃的使用，光、影、商品、人的交错，使空间变得宽敞，构织出一个新的感觉。

设计者：植木莞尔
简历：
Casappo & Associates 代表
室内装潢设计师
建筑名称：
OPAQUE Ginza
所在地：
东京都中央区银座3-5-8
面积：
1F/247.5m²
2F/280.5m²
3F/354m²(其中厨房 87m²)
主要装饰：
地面/灰浆基层水磨石(600mm×1500mm)装贴
灰浆基层石灰石装贴
表面防水蜡涂抹加工
地面玻璃/强化玻璃(6m×6m)透明薄膜粘和
墙壁/12.5mm厚石膏板基层亚克力光漆涂饰
12mm厚透明玻璃视界限制薄膜装贴
15mm厚透明玻璃3mm厚有机玻璃三合一粘结　飞散防止薄膜贴面
19mm厚透明玻璃　飞散防止薄膜贴面
12.5mm厚石膏板基层　水磨大理石装贴
顶棚/12.5mm厚石膏板基层亚克力光漆涂饰
5mm厚乳白有机玻璃发光顶棚开设细缝

施工单位：
外装/大成建设
内装/1、2层大丸木工
地下1层三越建装事业部

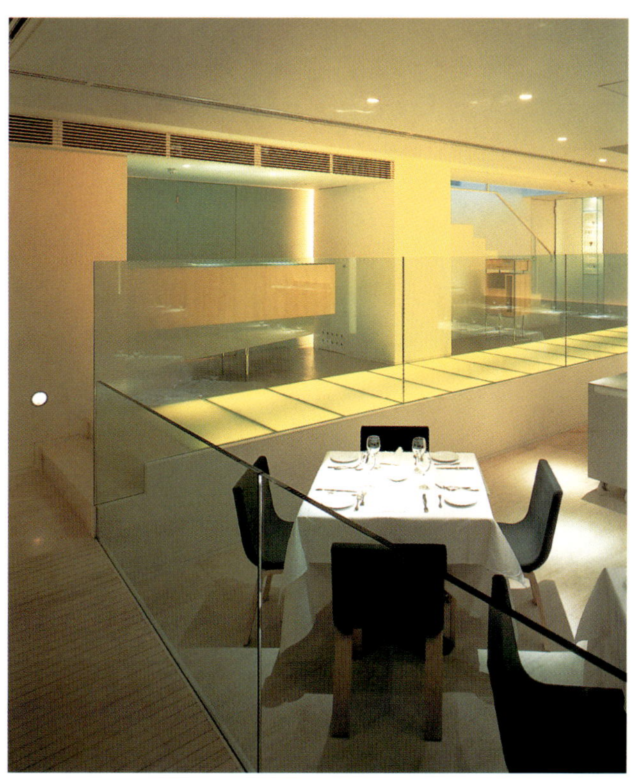

竹中工务店

Takenaka Corporation

HEP FIVE

HEP FIVE 是建于大阪中心部——梅田的一幢综合型商业大厦。地下1层到地上6层为物贩店铺，7层和5、6层的一部分为饮食店铺，这一计划的最大特征是直径为75m的大观览车，乘坐口设在了7层。从地上106m的高度将大阪的中心部尽收眼底。

观缆车的悠然运转所带来的生命感从观缆车贯穿其中的门廊空间向整个建筑物扩展。机械(观缆车)和建筑相融合，使新的商业空间创造得以实现。这不单单是表现了机能性和便利性，更从有趣性之侧面重视了机械和建筑的交合。当然，从建筑物各处所见到的断断续续、若隐若现的观缆车，表现出了具有意外性的光景。融入都市空间的火红观缆车作为欣赏都市的装置的同时，其本身也成了都市的力量之象征，更期待着它能作为大阪的城市标志被世人所接受。

设计监管：
(株)竹中工务店

建筑名称：
HEP FIVE

所在地：
大阪府大阪市北区角田町

面积：
52755.02m²

主要装饰：
屋顶/水泥浇筑柏油防水断热加工
天窗/铝质B-FUE
外墙/低层部　两角固定瓷砖张贴
西、北、南面　铝质拱肩骨架特富龙涂饰加工
东、南面　压制成型水泥预制板特富龙涂饰加工
透明电梯/铝质框架B-FUE
地面/地板材　大理石　人造大理石　瓷砖　塑料地砖
墙壁/12.5mm厚平板玻璃乳胶状合成树脂涂饰加工
顶棚/石棉吸音板　铝板条乳胶状合成树脂涂饰加工

施工者：
竹中工务店 大林组 森组 JV

CHINTAI

291295
=
HOMME

辻川正治

Masaharu Tsujikawa

Silkia Nara

老子曰:"凿户牖以为户，当其无有室之用"，即是本设计的基本理念，文化性、人间性丰富的空间具有内向外表现的功能。Silkia Nara的商业环境设计思想方向性是"立地、建筑、商业的共生"，各要素不相互破坏，不受时间和潮流的左右，创造出可以得到永存的空间。为了表现设计思想，使用了具有代表性的日本传统装饰的细部格子的变形，这种形态多次变化，并使之组织化。在照明设计上，利用这种形态，极力使用间接手法强调光和影的对比，另将空间全体用反射率高的白色为基调，将具有自然手感的石、瓷砖、格子引入。彻底简洁的一面，是真正具有空间的"间"的设计，也就是现代的形的表现手法。

设计者：
辻川正治

简历：
(株)GEO AKAMATSU设计部部长

建筑名称：
Silkia Nara

所在地：
奈良县奈良市三条本町8-1

建筑面积：
8218.1m²

主要装饰：
顶棚/12.5mm厚石膏板基层
一层及天井部/不锈钢格子
天花涂装　FL间接照明
地面/400mm × 400mm大理石精磨　重叠式无釉瓷砖表面碎裂状加工

施工：
大林·村本·浅川　特定建设工事JV

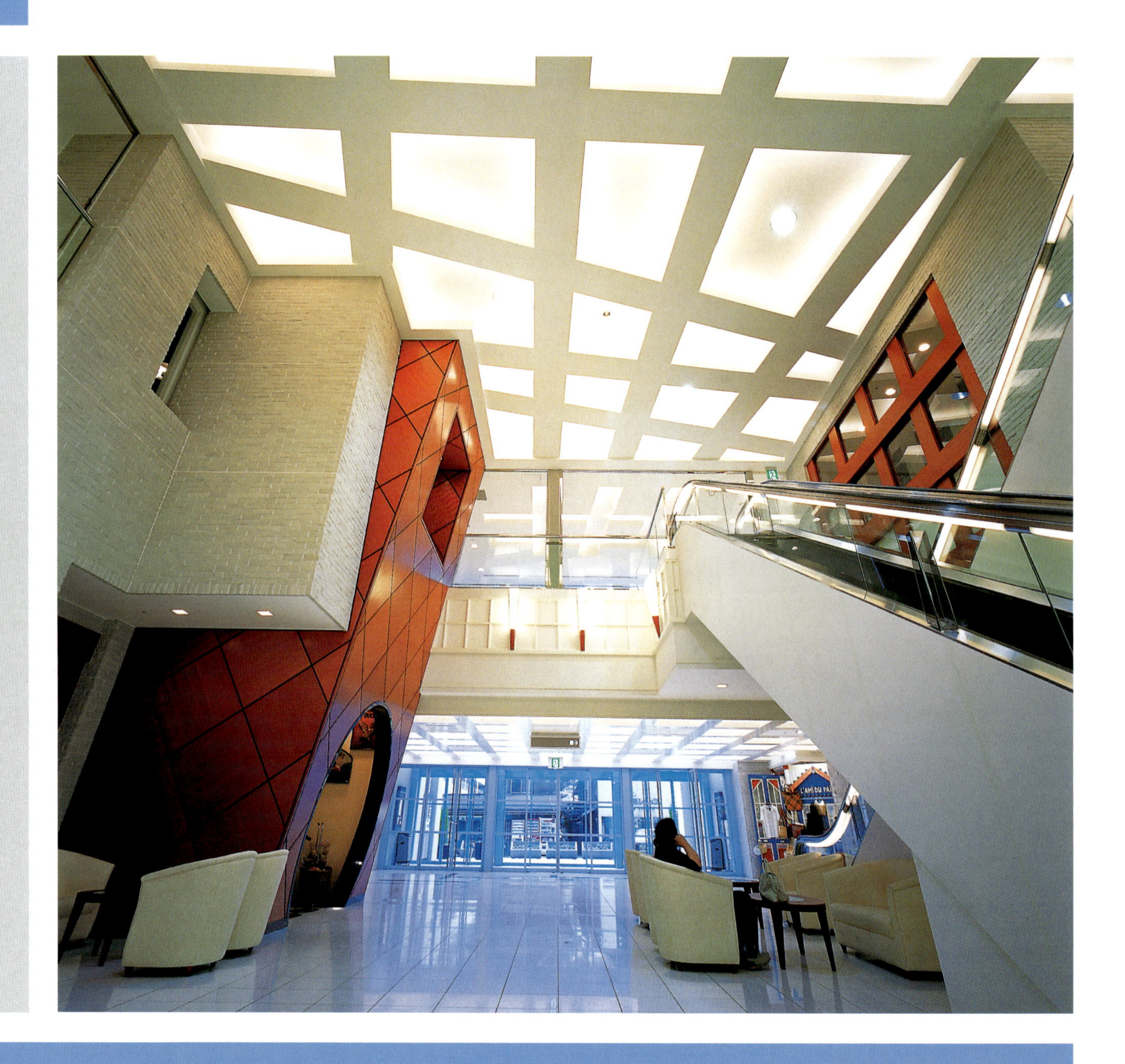

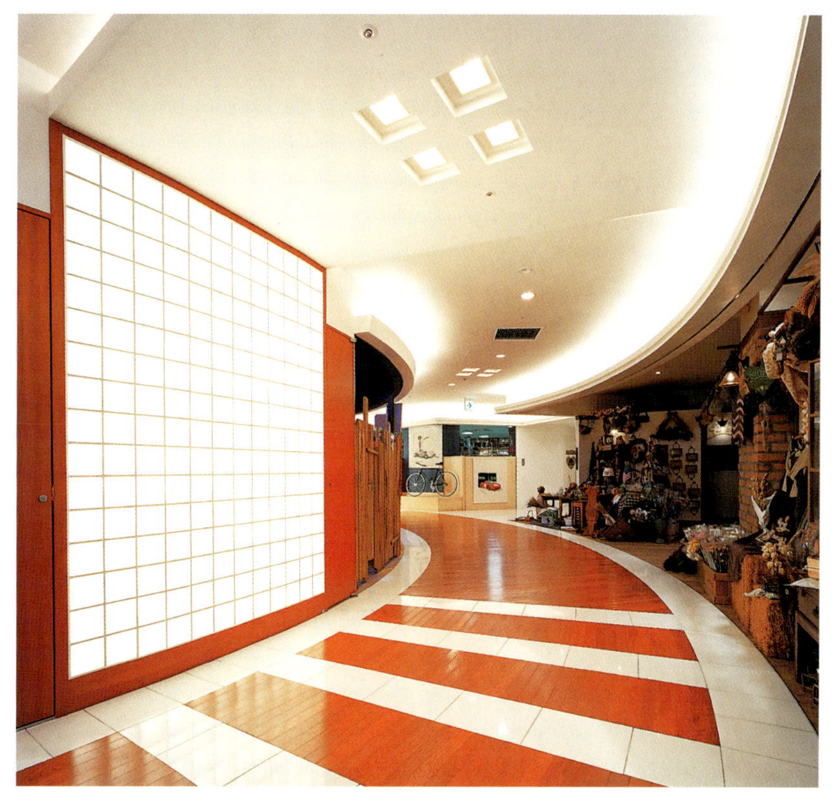

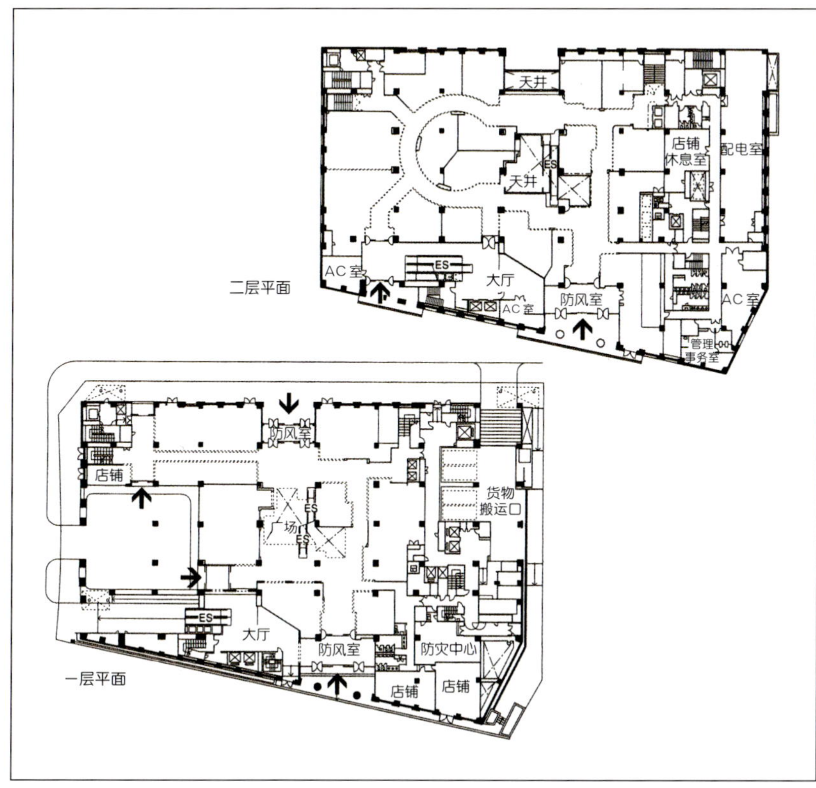
天井
店铺
休息室
配电室
天井
ES
AC室
大厅
AC室
防风室
AC室
管理
事务室
二层平面
防风室
店铺
货物
搬运口
广场
ES
ES
ES
大厅
防风室
防灾中心
店铺
店铺
一层平面

福山秀亲

Hidechika Fukuyama

KI Bild.

福冈的大名地区地处繁华街，但道路狭窄，还留存许多小胡同。悠闲散步其中别有一番乐趣。为了吸引顾客，将复层店铺加以连接，得到对外开放的效果。坐在长板凳式扶手上，一边眺望街道，一边和同伴聊天。围绕楼梯，店内的商品、购物情况不断映入眼帘，使得自己也不断有新的发现。时而俯视街道，时而坐于楼梯抽支烟……

墙壁不是遮掩物，空间不在于包容。通过多种物体的参与，诱发多种行为，产生重叠和多种时间的停滞，使现实中流失的时间和另一时空梦幻的现实相重叠。当立足于此的人在知觉上受到刺激时，当有新的发现时，当自由自在地心动时，这一场所将真正的走向开放。

今天将往何处，观望何方，与谁相逢。暂且先去街道走走。

设计者：
福山秀亲计画机构 福山秀亲

简历：
1963年出生于福冈
1986年3月毕业于九州艺术工科大学艺术工学部环境设计学科
1986年4月进入乃村工艺社工作
1995年设立福山秀亲计画机构

建筑名称：KI Bild.

所在地：
福冈县福冈市中央区大名1丁目478-1
建筑面积：593.01m²
主要装饰：
屋顶／纯混凝土柏油防水涂饰
外墙／钢筋混凝土丙烯硅树脂涂饰　拱状铝板
导水管／不锈钢精细加工
开口部／合成玻璃(6mm厚平板玻璃　6.8mm厚络网玻璃)门窗用具／铁质框架镀氟加工
地面／防水水泥基层木板材任意装贴
墙壁／钢筋混凝土丙烯硅树脂涂饰
顶棚／钢筋混凝土基层　不燃板材装贴　涂塑加工

施工单位：
建筑工事／高松组 山内敏彦
设备工事／西铁电设工业　花田雄一
电气工事／西铁电设工业　高尾和政

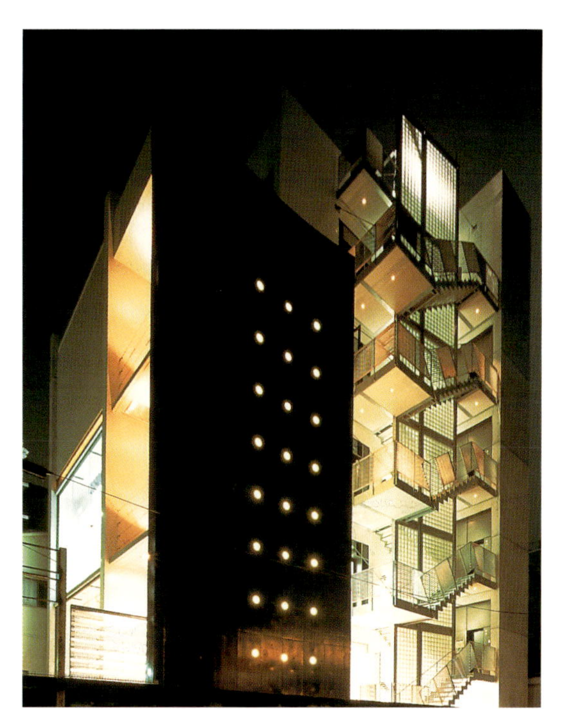

有马裕之
Hiroyuki Arima

MA（画廊）

MA位于九州北部的玄海公园中，小而高的山腰，具有约17m落差的斜坡上，整个建筑由五个立方体形的盒子构成。在整个设计中强调隐蔽和流动的作用。室内、室外的装修材料是到处都可以看到的杉木板、水泥板、塑料小波纹板、白铁皮、不锈钢等日常性的普通材料。此建筑是为造型艺术家设计的，有工作室和画廊两部分，画廊主要是进行展示，也可用于音乐会等多功能。具有室外展览和¡A望功能的屋顶是用玻璃覆盖的，其中有陈列箱，可以陈列各种作品，自屋顶上可以很好地望见玄界滩的远景和水田的近景。在陈列箱下，可将自然光引到画廊内。同时，也是使自上而下观望的人可以断续感到下层活动情况的一种机构。在工作室和画廊之间，设有的天井和楼梯也属于同一体系。在独立的可以相互联系，或是相互隐蔽的空间准备了5块旋转板，根据开闭角度可以使屋顶陈列箱和二层的画廊、一层的工作室相互“隐蔽”或是相互“流动”——光的流动、风的流动和人的流动，与展示变化相应。在斜坡地表上埋置有大小不同的岩石块，以此检查土地起伏变化，如果岩石未变说明地形未变。MA建筑轻轻地飘浮在斜坡上，由于人们皆被岩石块所吸引，柱子变得好像随意分布配置的一样。

设计者：
有马裕之

简历：
Urbanfourth代表

建筑名称：
MA

所在地：
福冈县糸岛郡志摩町

建筑面积：
91m²

主要装饰：
展厅　顶棚／镀锡钢板
墙壁／柳桉胶合板
上铺塑料光漆
地面／杉木脚手板上铺塑料光漆
工作室　顶棚、墙壁／柳桉胶合板　上铺塑料光漆
地面／铺维尼龙瓷砖面

施工：
今村建装

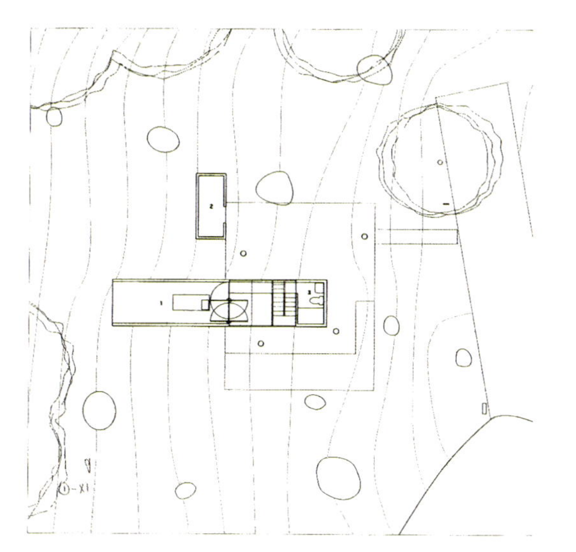

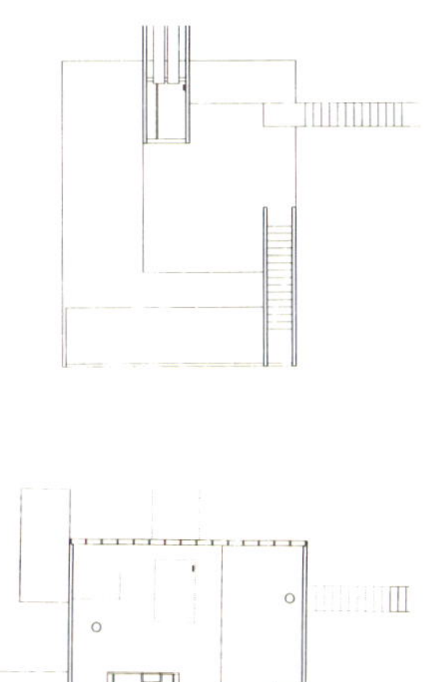

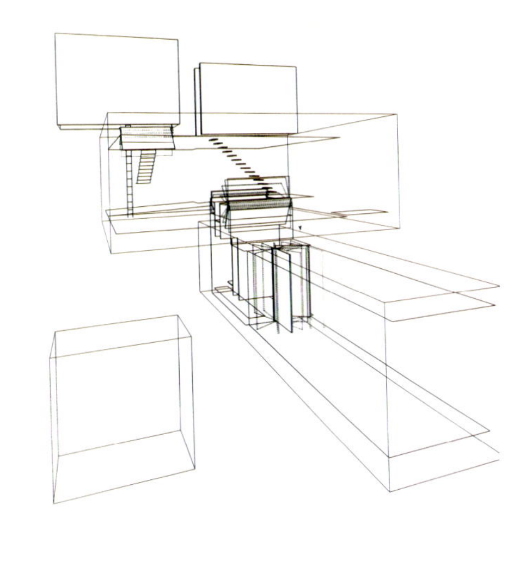

伊坂重春

Shigeharu Isaka

N.CLUB（多用途沙龙）

N.CLUB是日吉能率升学补习学校日吉本部职员所使用的福利设施。白天的用途是职员的休息室和食堂，晚上则主要用于学校的招待。整个设施虽隶属于学校，但和教学工作拉开了一定的距离，提供了一个不同寻常的场所。具体设计上，抓住了“光”与“自然”这两个重点。

由于白天和黑夜能迅速进行空间的调整，在材料上选用了玻璃屏风墙和铁板。玻璃全部采用蚀刻加工，通过磨砂处理加以层次变换，并从背面加以两种光线的照射。舞台的地面采用了铁板，从铁板之间的缝隙中透露出微光，整个地面好似浮游于空中一般。

表现上选用了现代信息社会里受到冷嘲的材料，地砖使用了泥土与工业废料掺和成型而成的使用品，局部地面铺设了混入强化玻璃的水泥。铁板保持了黑色表面的原样，只加以简单的磨光加工。立柱采用了浮木，目的在于尽量使用接近于自然的材料。

设计者：
伊坂重春
简历：
1951年　出生于北海道
1976年　毕业于武藏野美术大学工业设计专业
1983年　和佐藤道子一起设立了伊坂设计工房
1995年　就任武藏野美术大学外聘讲师

建筑名称：N.CLUB

所在地：
神奈川县横滨市港北区日吉

建筑面积：73m²

主要装饰：
地面　客席／水泥基层橡木地板铺面压缩成型瓷砖　掺强化玻璃树脂涂饰木质骨架　黑色铁皮上蜡加工
化妆室／人造花岗石
墙壁　客席／混凝土基层掺料乳胶状合成树脂涂饰
接缝油灰基层亚克力光漆涂饰
化妆室／石膏板基层亚克力光漆涂饰
护墙板采用人造花岗石
顶棚　客席／混凝土基层掺料亚克力光漆涂饰
局部纯混凝土
化妆室／纯混凝土

施工单位：
白石建设

摄影：浅川敏

内田繁

Shigeru Uchida

Longleage (NAIL SALON)

这个作品是以都市的观念进行设计的。

现在的都市都完全发展成向着“残酷竞争”方向的都市，本来的都市是辉煌的、充满着梦想之地，洗炼的都市形象应该使人联想到五彩缤纷、层层交错的人工照明，表现出拥有透明感和清洁感的城市空间。本设计空间的分隔由墙壁来完成，但不是简单的功能上的分隔，倒不如说是一种精神空间的分割、分隔，光线、色彩的分量都是在完全调和的状况下进行的。生活在都市的人们来到这样的空间内，不只是美容指甲，而是为了使人们能在这个空间内轻松愉快，身心放松。

设计者：
内田繁

简历：
日本代表性的室内设计家
(株)80工房(STUDIO 80)代表

建筑名称：
Longleage

所在地：
东京都港区南麻布4-1-29 4F

建筑面积：$264m^2$

主要装饰：
地面／大理石磨光贴面
墙壁、顶棚／石膏板基层
上等细麻布上浆处理 亚克力光漆涂饰
日用器具／(工作台)高级色调水磨调和处理
(酒吧)大理石磨光贴面

施工：
(株)美留士

摄影：
Nacása & Partners inc.

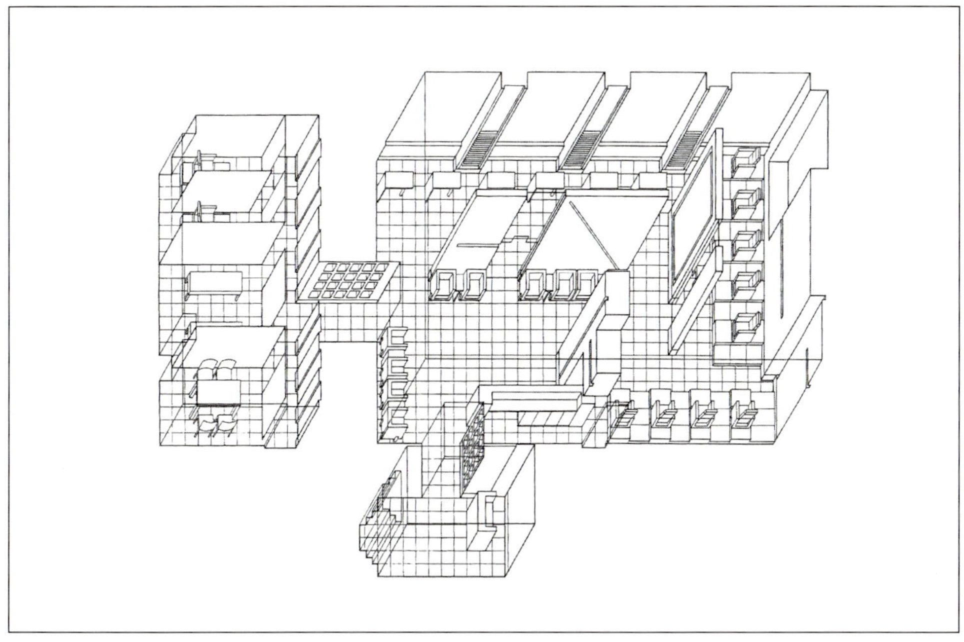

远藤秀平

Shuhei Endo

CYCLE STATION米原（自行车停车场）

这是一幢专供自行车停放使用的简单建筑物。这块建筑用地正对新干线米原站的西门广场，周围全部是停车场，属于所在街道管辖。利用这些条件，停车场的建造计划实施了。虽然这一设施无法将车站前乱停乱放的自行车全部加以收容，但对广场的景观形成，具有强烈的诱导性。

停车设施，如果管理过度，就会走向封闭，所以此设施尽量地保持了其开放性，使人一眼就能知道，这就是自行车停车场，自行车都应停放此处。另外，由于保持了设施的高度开放性，使更多的人有机会利用此停车场，从而设施本来的开放性也得到更大的发展。

一层和二层简单的自行车停放空间、管理人的休息室构成了米原停车场。经弯转斜坡可直接上二层，然后经过天桥和旋转楼梯可去西门广场。由不完全拱门状钢板组成的屋顶和正面外墙连成一体，实现了一个具有高度开放性的大型包容空间。并且都市功能的一部分通过这个设计计划，开创了不封闭建筑的新的可能性。

设计者：
远藤秀平

简历：
1960年出生
远藤秀平建筑研究所代表
神户艺术工科大学讲师

建筑名称：
CYCLE STATION米原
(CYCLESTATION M)

所在地：
滋贺县坂田郡米原町米原西

建筑面积：
325m²

主要结构：
钢筋混凝土结构
局部钢结构

施工单位：
市川工务店

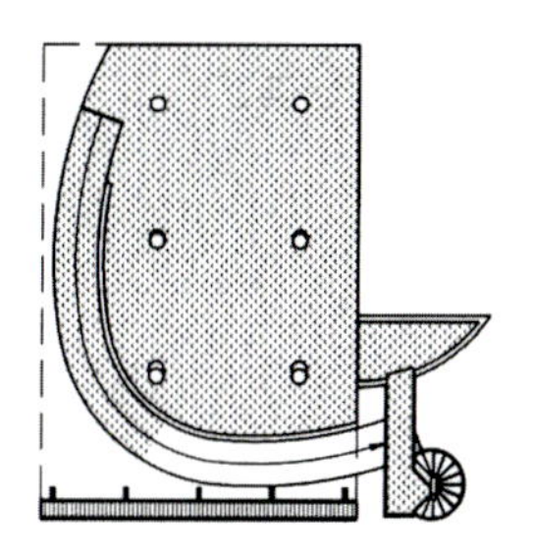

一层平面

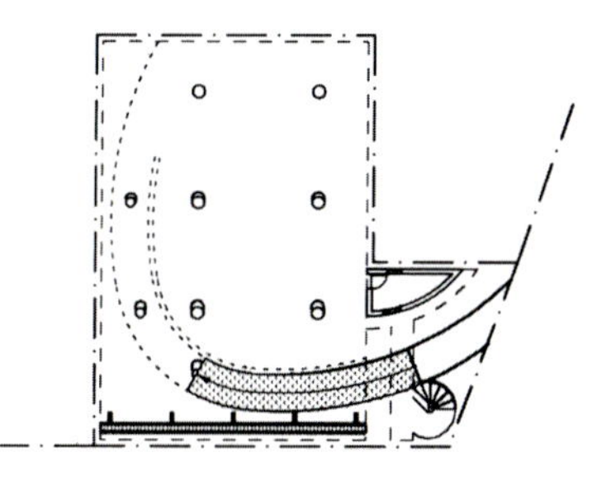

二层平面

KAJIMA
DESIGN

神户三宫商店街一丁目复兴规划

阪神大地震时，遭受完全毁灭之灾的商店街，为了复兴事业、重整旗鼓，实施了这一规划。从震灾走向复兴，面向未来展翅高飞的形象得以具体化。轻快与沉重的连续交替使散步道有了变化和节奏，加上微风与阳光更温馨舒适。

把商店街看作是一个舞台，埋葬过去的历史，酝酿未来的幸福，这可能是街区建设构想的最大主题。

与此同时，还设置了各种各样的表现物。比如以"港湾的风"、"时代的风"、宇宙的风"为主题的空中浮游纪念物，叙述过去的宣传画，表现时代发展的展示厅，环境音乐，RGB照明等等。这些表现物在时间的推移中都得到变化，给人以季节感和时代感。

三宫中心街以震灾为转折点得以新生。整个街区作为人们聚集相会的舞台，谱写着新的历史篇章。

设计者：
大野泰史

简历：
1947年出生于神户市
现为KAJIMA DESIGN建筑设计部部长
获御茶水车站公开设计竞赛最优秀奖
获JCD'98大奖

建筑名称：
神户三宫商店街一丁目复兴规划(Kobe Sannomiya Center Street)

建筑面积：
3074.66m²

主要装饰：
钢结构悬索施工法
特富龙薄膜
硬质塑料板

施工单位：
鹿岛建设关西支店

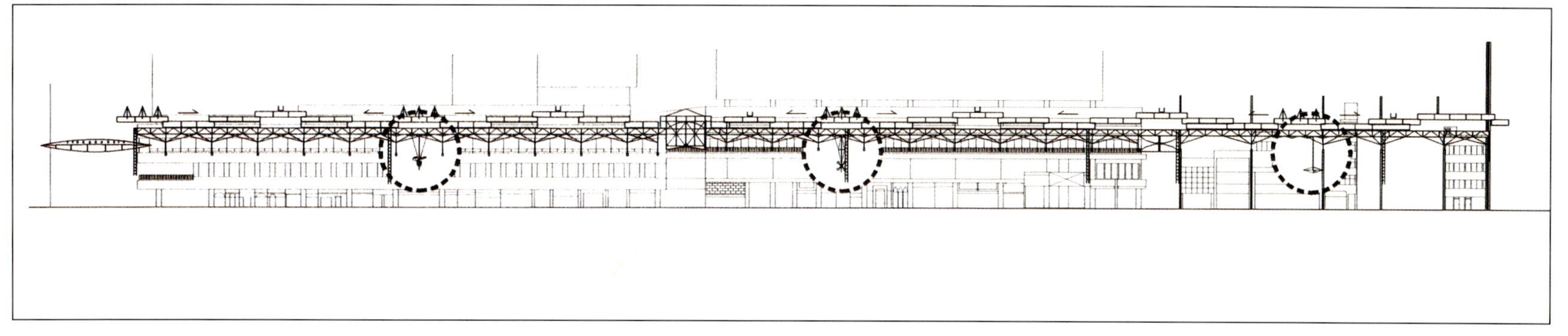

SOGO

KOBE 三宮センター街

小坂龙

Ryu Kosaka

FORS银座（针灸院）

旧形式的针灸院已不能满足现代人的需要，现代人能否轻松愉快去针灸院，从银座开始建立一个针灸院新概念——这是业主的想法。同时院长也希望能设计出一个“首先使人体五种感觉全部得到满足，从而感到宽松、安闲，导致出自身治疗力的产生，达到恢复患者本身的健康身体”的内部空间。满足“五感”的要求(视觉、听觉、嗅觉、味觉、触觉)，这就要看在该空间内所创造的环境气氛，手脚所能触摸到的材料感觉，照明光线的强弱刚柔等对于治疗都有很大的作用。空间开放，使患者产生安全感。要造就这样的空间感，主要格调应是东洋风格，期望使日本人内心所具有的古老追忆，通过室内设计创造的东洋气息、治疗方式得到满足。

设计者：
小坂龙

简历：
1960年生
乃村工艺社主任设计师

建筑名称：
FORS银座(FORS Ginza)

所在地：
东京都中央区银座

建筑面积：
118m²

主要装饰：
地面／木梨板材
墙壁／灰泥糙面
顶棚／灰泥糙面　部分木梨材上色　防火和纸百叶窗

施工单位：
(株)乃村工艺社

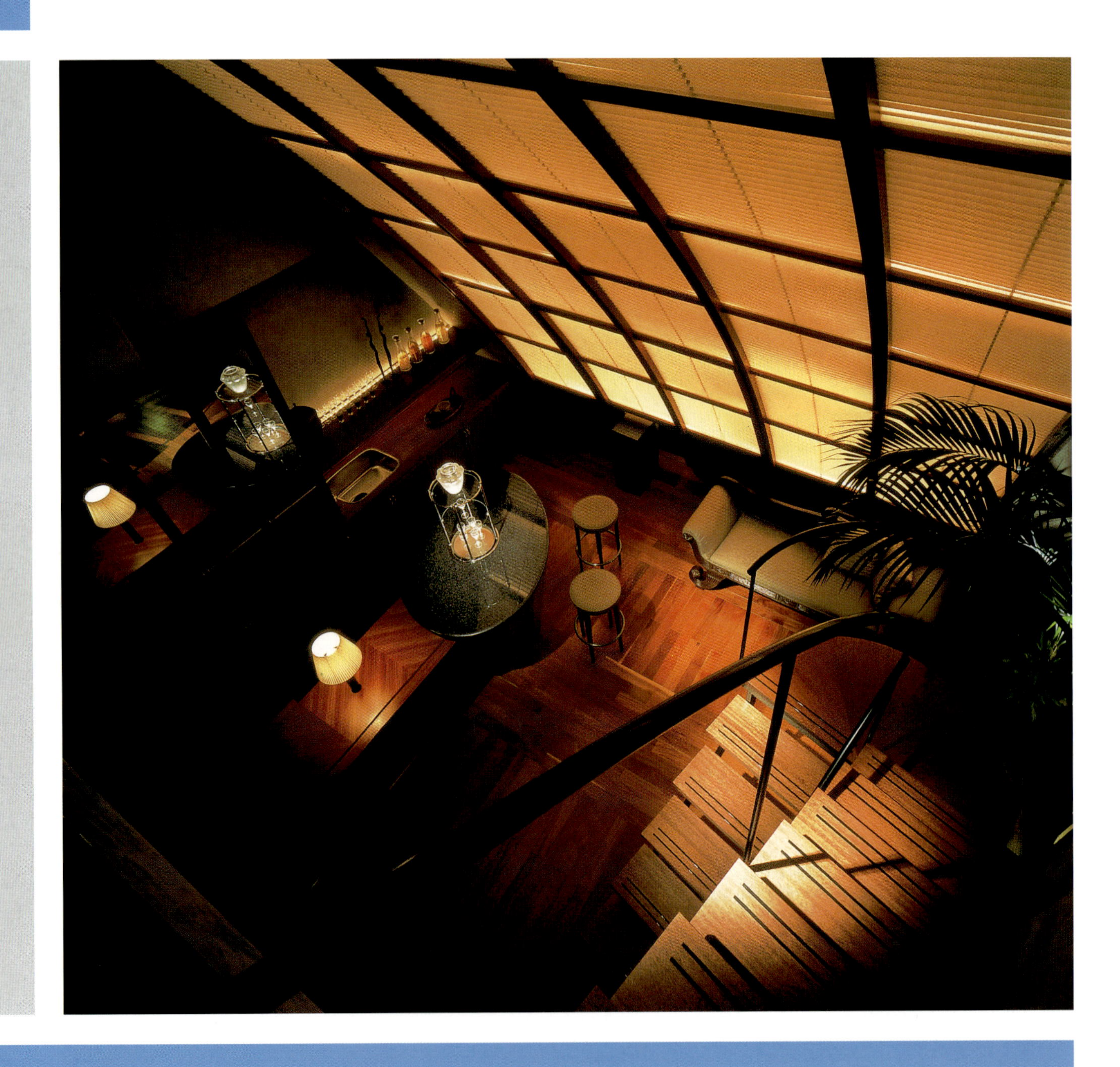

高取邦和

Kunikazu Takatori

知器（展厅＋咖啡）

“知器”在设计上融汇了功能、形状、运营、服务等各种要素，是迄今为止未曾体验过的设计作品之一。尽可能融合人体感觉，确立一个崭新的展示空间，成了这次设计的主题。

展厅由两部分构成。特别是二楼设置了由展示柜组成的走廊。其目的与其说是让来客一边喝着咖啡、葡萄酒，一边欣赏展品，不如说是让来客如同亲临晚餐会，斜依在展示柜前的吧台，单手拿着酒杯，自由自在地欣赏展品。通过此种形式，对作品的认识将更加深刻。三楼设置了由竹子围成的小庭园和以地炉为中心的桌椅式客席，创造出另一种气氛。专为展品设置的照明，成了整个空间仅有的光源。

设计者：
高取邦和

简历：
1944年　出生于静冈县
1968年　东京艺术大学毕业
1970年　共同设立POTATO DESIGN研究所(后改名为SUPER POTATO)
1996年　设立高取空间计画

建筑名称：
知器(TIKI)

面积：
108.79m²(其中厨房5.8m²)

主要装饰：
地面／水泥预制板及隔音垫基层　15mm厚表面亚光处理木梨板材铺设　花岗石(60mm×60mm)铺设喷烧器加工
墙壁／12mm厚石灰石基层敲打式涂饰
顶棚／12mm厚上浆上等细麻布基层合成油漆涂饰加工

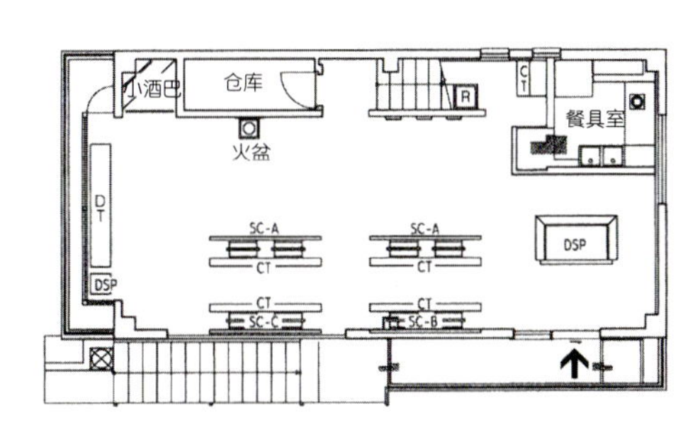
小酒吧
仓库
餐具室
火盆
DT
SC-A
CT
SC-C
SC-B
DSP

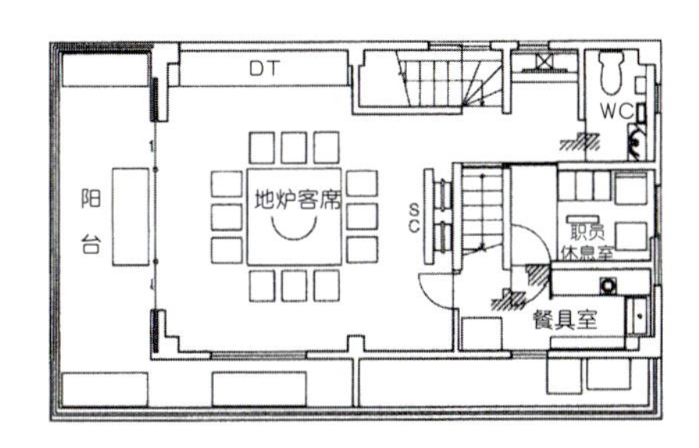
DT
WC
阳台
地炉客席
SC
职员休息室
餐具室

藤江和子

kazuko Fujie

SALON DE THÉ（沙龙）

SALON DE THÉ位于面临大道建筑的一层，为可以两面采光的立方形空间，具有极高透明感。作为室内装修设计，不想损坏这种建筑空间特征，只是想使商业空间的有关机制更加完善。

顶棚和墙面，皆用灰泥粉刷和小波纹人造纤维板面，并使之相互对比，衬托出材料质感，对光线不同的反射和吸收也呈对比状态。楼地板用蛇纹石镶嵌成什锦砖的纹样，越向内越密，转而为黑色地毯、白色表现。这种颠倒过来的反转设计，在墙面设计和家具布置上也使用了这种手法，用明灭和黑色的不同粉刷的幽暗色调将室内分成两部分，使之更加具有明显的空间对比。在空间组成方面，采用几何形体和因其运动将视线引向深处，并对该场所加以表现。不单把室内设计作为商业机制，而必然是将其场所特征和建筑的文脉结合成一体进行空间设计。

设计者：
藤江和子　ATELIER

简历：
1987年藤江和子ATELIER成立
1993～1998年千叶大学工学部非常勤讲师
1997年东京大学工学部非常勤讲师

建筑名称：
SALON DE THÉ

所在地：
东京都涉谷区钵山町13－13 1F

建筑面积：
99m²(客席84m²，厨房15m²)

主要装饰：
顶棚／灰泥糙面
墙壁／灰泥糙面　铝纤维小波纹板贴面
地面／蛇纹石镶嵌树脂混凝土贴面

施工：
竹中工务店(松板屋　共立建筑)

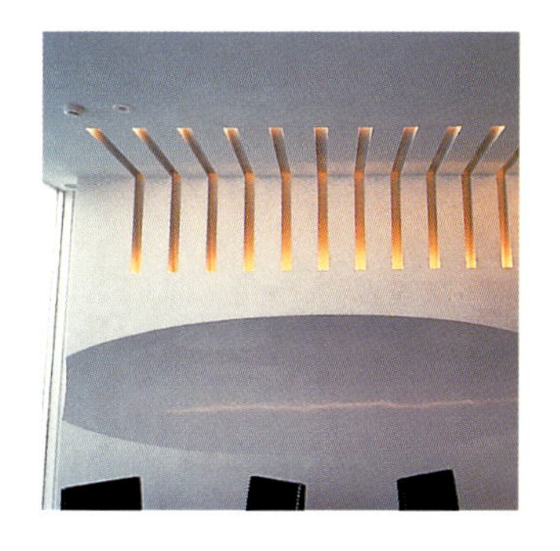
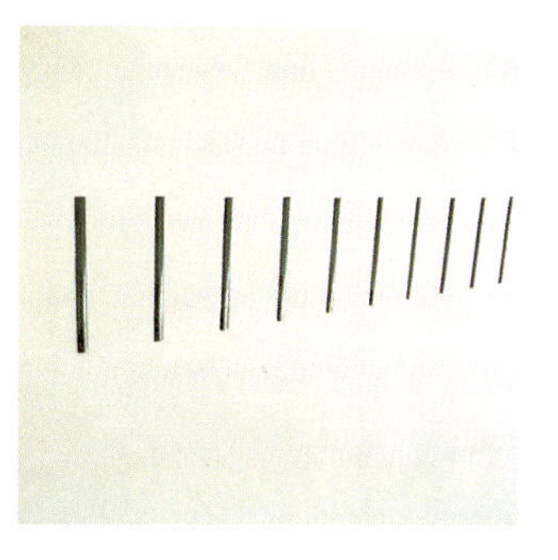
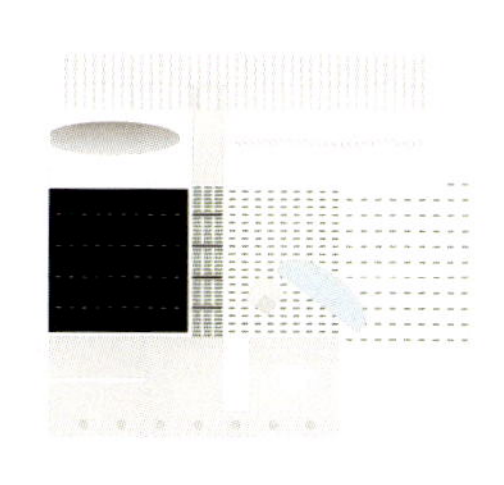

宫崎浩

Hiroshi Miyazaki

吉田忠雄纪念室（纪念室）

吉田忠雄纪念室，是为了纪念Ykk的创建者吉田忠雄而设置的。Ykk是日本战后工业化的重要组成部分，它主要生产金属加固饰件和铝合金建筑材料。企图通过纪念室的陈列，展示介绍吉田先生的人生哲学和企业理念，较为客观地实事求是地加以介绍，以便继承下去。整个设计，以纪念室为中心设施，并设有陈列展示新技术，新产品的空间，休息、散步、游览等不同功能的设施。在这里以铝为中心用各种各样的建筑材料组合创造不同设计新类型和构造方法，整个空间具有陈列展示功能作用。在平面设计上也是符合吉田忠雄哲学的。纪念室的表现主题是"善之巡环"，通过层叠层次使人感到透明层次的境界，因此，在整体上也不是封闭的而是连续的，达到了"登堂入室"空间幽深和流动之妙。进而在展示设计和版面布置上像建筑那样以表现流动、层次的透明感为中心进行设计展开。

设计者：
宫崎浩

简历：
1952年福冈县生、现在Plants Associates代表

建筑名称：
吉田忠雄纪念室(Tadao Yoshida Memorial Hall)

所在地：
富山县黑部市

建筑面积：
2350m²

主要装饰：
铝材预制件
铝材

施工：
第一建设·TAIWA

山田悦央

Etsuo Yamada

RES NOVA21（意大利家具展厅）

以意大利有名的精品家“卡贝利妮”、“布茹娜缇”为中心的商品，是一个具有展示能力的商业空间。整个空间由出售空间、展示空间和事务所三大空间构成，展示功能和出售功能如何有机地融和起来，是设计的最重要因素。由于墙面等具有变化的功能，使多种多样的空间构成得以成功。使用的材料以涂装为主，球形天井使用玻璃马赛克，地面以球形天井为中心粘贴三种大理石，并在表面涂彩加工。全体空间使用间接照明，由于以上的设计，使店铺空间成为能变化的空间。

设计者：
山田悦央

简历：
PC.DESIGN OFFICE CO. LTD 代表者
室内设计家(社)日本商业环境设计家协会常任理事

建筑名称：
RES NOVA21

所在地：
大阪市中央区城见 1-3-7

建筑面积：
153m^2

主要装饰：
顶棚／马赛克玻璃
球形屋顶
墙壁／涂装
地面／大理石

施工：
Matsushita Investment & Development

后 记

适值《日本当代商业空间设计作品选》编辑结束之际，承蒙恩师山内陆平教授垂顾命我撰写后记，学生不才，唯从师命为是。

本选集是由日本学者和旅日中国学者共同选编，是集中介绍日本当代商业空间设计者个人作品的首次尝试。其中各个作品所反映出来的思想观点、形式风格，并不是一致的。设计者的人生观、设计观各异，甚至对“设计”一词的意义理解也完全不同。在书中我们遴选了各种流派、各种风格的设计作品，从资深的具有代表性的设计家到初出茅庐的设计新秀，可以说较全面、较真实地介绍了日本当代商业空间设计状况，为中日两国建筑界的文化交流，聊尽绵薄之力。

本书从开始策划到目前，已三阅春秋，那时我刚进入京都工艺纤维大学博士课程，学兄韩一兵就与我商谈此事，在中国建筑工业出版社王明贤、日本京都工艺纤维大学山内陆平两位先生的大力支持下，才使此项工作顺利进行。特别是以山内陆平教授为代表的京都工艺纤维大学设计研究会的同仁们，对日本战后商业空间设计进行了广泛、深入、细致的调查研究，收集了大量资料。由于经商的原则是“唯利是图”，室内设计的寿命不足三五年，必然更新一次，今日的行时作品转瞬之间即成明日黄花。收集50年间的商业空间设计史料，殊为困难。因此我们只选编了90年代后期的部分杰作，奉献给广大读者。

本书的编成，首先感谢山内陆平教授，他是一位个性鲜明、热情奔放的人，无论教学、设计以及社会实践活动，他都是严谨认真、一丝不苟，时时鞭策着我们努力工作，为我们创造了良好的工作环境，百忙中还抽出时间精心指导，为本书的编成付出大量心血。研究会的骨干人士——田中俊祐、吴毅、间渕一博诸兄更是全力以赴，竭尽思虑，无上辛苦了。

还应感谢王明贤先生，没有他的精心细致的工作，也很难有今天的成果。学兄韩一兵自始至终关心着本书的每一步进展。感谢之情，难以言表。

借此编末，向无偿提供图片资料、文字解说等中日两国各界所有尊长、同仁，表示诚挚的谢意！

最后我想引用山内陆平教授常说的一句话“设计是需要有爱心的”以为结束，我们全体编辑成员正是怀着对设计事业的无限热爱来编辑这本书的。当然，由于各方面条件限制，本人才疏学浅，还有许多不足之处，渴望读者不吝指正。

路漫漫其修远兮，吾将上下而求索。

路海军记于樱花之国

2000年4月6日

图书在版编目(CIP)数据

日本当代商业空间设计作品选／（日）山内陆平主编．北京：中国建筑工业出版社，2001.3
ISBN 7-112-04533-9

Ⅰ.日…　Ⅱ.山…　Ⅲ.商店－空间－建筑设计－日本－图集　Ⅳ.TU247-64

中国版本图书馆 CIP 数据核字(2000)第 81864 号

日本当代商业空间设计作品选

[日] 山内陆平＋京都工艺纤维大学设计研究会 主编

中国建筑工业出版社 出版、发行(北京西郊百万庄)
新 华 书 店 经 销
北京利丰雅高长城印刷有限公司制版
深圳利丰雅高印刷有限公司印刷
开本：787 × 1092毫米 1/12 印张：20　字数 650 千字
2001 年 7 月第一版　2001 年 7 月第一次印刷
印数：1—2,000册，定价：168.00元
ISBN 7-112-04533-9
TU · 4051(9983)